JN289539

ゾルンホーフェン
化石図譜 [I]

植物・無脊椎動物 ほか

K.A.フリックヒンガー 著

小畠郁生 監訳

舟木嘉浩
舟木秋子 訳

朝倉書店

私の曽祖父クリスティアン・アルベルト・フリックヒンガー
Christian Albert Frickhinger を偲んで．
彼は，私たち一族のほぼ全員が科学上の趣味をもつという
150 年以上にわたる伝統を産み出してくれた．

ゲルトルート Gertrud へ．
半世紀にわたって私の傍らにあり，いつも私の仕事を支え，
よく理解してくれた私の妻へ．

Karl Albert Frickhinger: Die Fossilien von Solnhofen, Vol.1＋2
© 1994 and 1999 by Edition Goldschneck im Quelle & Meyer Verlag GmbH & Co., Wiebelsheim
This Japanese edition is published by arrangements with Quelle & Meyer Verlag GmbH & Co.

監訳者まえがき

　ゾルンホーフェンといえば，化石に関心を抱く方々のうちの多くの方が，始祖鳥化石の産地のことだと，ピンとくるにちがいない．南ドイツのドナウ河支流のアルトミュール川沿いに，ゾルンホーフェンという小さな村がある．フレンキッシェアルプ（フランケンアルプと同義）山地の南端の高地に位置する．南側のミュンヘンから北方のニュルンベルクへと通じる道をはさんで，東西約100 km，南北約50 kmにわたるバイエルン地方の一角には，ジュラ紀後期（約1億5000万年前）の石灰岩が露出している．古地理を復元すると，大昔の海綿やサンゴの環礁の内側にできた一連の潟湖に，非常に純粋な細かい組織の石灰岩が次々と堆積した様子が目に浮かぶ．暑い日差しのもとでの高い蒸発率と，外海との海水の入れ替わりが限定されたために，潟湖の海水は，より塩分濃度の高い海水と層を成し，生物の生息には不適当な海底の環境がつくられていた．

　ゾルンホーフェンに分布するのは黄白色をした石灰岩で，「白ジュラ」の下部に属する．一般にドイツのジュラ紀層は，上部が白っぽく，中部が茶色味を帯び，下部が黒っぽいので，これらの部分に対して，上・中・下の順に，白ジュラ・褐ジュラ・黒ジュラと呼ばれたものである．この白ジュラの石版石石灰岩は薄くはがれる特徴をもっていたため，主にアルトミュール渓谷の両側の高台にあるランゲンアルトハイム，ゾルンホーフェン，メルンスハイム，ミュールハイムやアイヒシュテットの北方の地域で採石され，古くから屋根・床・壁・彫刻品など，地元の建築物に石材として使われてきた．

　ところが，1798年，ミュンヘンの俳優で演出家のアーロイス・ゼーネフェルダーによってリトグラフ，すなわち石版画が発明され，石版石石灰岩の需要は地方的なものから世界的なものへと変貌することになる．石版石石灰岩は彫版と石版印刷のために，世界のあらゆる場所へ船積みされて送られるようになった．時はちょうどイギリスの産業革命におくれてドイツでも革命が進行中であった．19世紀のリトグラフの実用化があって製版技術が容易となり，1920年代以降，フランスではドラクロワによる『ファウスト』連作，亡命中のゴヤによる『ボルドーの闘牛』連作など，名画が生まれるきっかけとなった．「リトグラフはドイツで発明され，フランスで芸術となった」といわれたほどである．19世紀後半には，マネ，ドガ，ロートレック，ゴーギャンをはじめ，ほとんどの画家がリトグラフに手を染めたという．

　傷のない細かい組織のゾルンホーフェンの石は，石版における明暗の再現にとって非常に好都合であったが，有機物の組織の微妙な印象の保存にも役立った．そのため，石版石は始祖鳥のもつ羽毛の様子を明らかにしてくれたし，ま

たクラゲのように柔らかい組織で構成されたジュラ紀の生物についても知識を与えてくれる．通常は殻だけでしか知られていない動物についても，肉体の印象を保存してくれたというわけである．長年にわたる採掘の結果，めぼしい化石が発見された石版石は別途保存されてきたので，ゾルンホーフェンやアイヒシュテット付近の採石所は，世界で有数の化石産地のひとつとして有名になった．

　600種以上の動植物が石灰岩中に保存されているが，その大部分の動物は漂泳性であった．この地域から知られる底生生物は少数である．これらの動物の大部分は，周囲の外洋から流入したと考えられている．陸生植物は雨期に押し流され，昆虫類は風に吹き飛ばされて，潟湖に入ったのであろう．一部の生物は塩分濃度があまり高くない海表面に近い海水中で短期間なら生息できたらしい．這った跡などの生痕化石が見つかっている．

　化石のもつ神秘的な美しさでは，まずゾルンホーフェンの石版石にまさるものはないであろう．冷たく硬い岩をハッシとハンマーで叩くとき，岩の中から忽然と生物の形が現れることを体験したものは，だれしもめくるめくような喜びを感じる．その瞬間に，非情な岩は一変して，私たちの眼前に，在りし日の栄光を暖かくよみがえらせて見せてくれる．石版石印刷を世界で最初に思いついたゼーネフェルダーは，きっと化石という本物のもつ美しさに魅惑された人であったにちがいないと，私は今でもひそかに思っている．これは，人智が自然を手本に考えるべきことを教えた第一級の実例ではないだろうか．

　ゾルンホーフェンに代表されるバイエルン地方の大型化石については，日本でも書籍や雑誌で，その一部の写真が掲載されることがある．しかし，そのほぼ全貌が紹介される機会はなかった．このたび，15の博物館で公開展示されている標本と，40の個人コレクションの収蔵標本をあわせて，写真とともに解説を加えたフリックヒンガー氏の労作を，日本語で2冊に収めてお見せできるようになったことは喜ばしい．研究者が古生態を解明するうえでの重要性はいうまでもないが（これについては第II巻の「監訳者まえがき」を参照されたい），何よりも一般読者の方々に多様な化石写真を楽しんでいただければと思うしだいである．私は，1985年の7月にチュービンゲン大学で行われた第2回国際頭足類シンポジウムに参加したおりに，当時チュービンゲン大学教授であったザイラッハー博士によるガイドのもとにバイエルンのフィールドも巡検で訪れ，化石を探したり，南側の山間の石造りの細長い平屋の博物館を見学してすばらしい展示品に一驚したことを懐かしく思い出している．

　2007年4月

小畠郁生

本書の底本は，Frickhinger, K. A. : *Die Fossilien von Solnhofen* (1994) 336pp; *Die Fossilien von Solnhofen* 2 (1999) 190pp, Goldschneck Verl. Weidert の全2巻である．原著はドイツ語，英語の対訳形式となっており，おもに英語からの翻訳を行った．原著では，原則として大まかな分類ごとにまとめられ（必ずしも門，目などの分類ランクがそろっているわけではないが），そこに含まれる属名のアルファベット順に掲載されている．また，原著の第2巻は増補版であり，このままの形だと，同じ生物（たとえばワニ類）が2か所に分かれてしまうことになる．日本語版では，分類別に属名のアルファベット順という方式を継承しながら，原著ではふたつの巻に分かれている同じ属名の化石写真はまとめるという方針をとった．また，原著の第2巻では第1巻での属名が改訂されていたり，誤りが訂正されている場合があったため，それについては第2巻に従って修正を行った．そのうえで，日本語版では2分冊とし，第Ⅰ巻を植物化石および無脊椎動物化石，第Ⅱ巻を脊椎動物化石および生痕化石その他とした．

　なお，専門家以外の読者に親しみを覚えていただくように，属種名にカタカナ表記を加えている．ただし，カタカナのふり方について決まった規則があるわけではないので，他の文献や資料にあたる際には本来のラテン文字（アルファベット）の表記を参照していただきたい．また，属より上位の分類についても，研究の進歩によって変更される可能性が高いものがあるし，現時点でも適当でないと考えられるものがあるが，この点については手を加えていない．本書の目的は分類体系を示すことではなく，個々の化石を紹介することにあるので，あくまでも整理のための目安と考えていただきたい．

序

ゾルンホーフェンの石版石石灰岩で発見されたほど，多くの異なった種の標本を産出してきたヨーロッパの化石産地はない．この産地についての文献は豊富で，最古の一部文書は 19 世紀初頭のものである．しかし，文献は豊富だが，専門的な個々の分野しか論じられてこなかったことを知ると驚きに耐えない．これまで，実例が豊富なモノグラフはなく，実例が十分なものさえなかった．

甲殻類に興味がある人はオッペル（Oppel）の周知の書籍を調べることができ，昆虫類を扱う研究者はハンドリルシュ（Handlirsch）を調べることができる．より最近では，ヴェルンホーファ（Wellnhofer）が彼の包括的な著作に翼竜類を含めている．魚類はラムバース（Lambers）の出版物と私の "Fossilen-Atlas fische（魚類化石図解書）" で論じられている．クーン（Kuhn）もゾルンホーフェンの化石について論じており，最後にヴァルター（Walther）の著作も忘れてはならない．この著作は 19 世紀末に編集された包括的な書物だが，この地域の化石動物相を網羅して論じており，残念なことに，何らかの理由で実例が足りない．

えり抜きともいえる書物がしばしば登場しており，その点では，ライヒ（Leich），マルツ（Malz），レック（Röck）の 3 人は言及に値する．バルテル（Barthel,1978）が出版したモノグラフの文章は最新情報を含んではいるが，ゾルンホーフェン化石種のごく一部しか実例を含んでいない．これはこの著作の英訳（1990）にもあてはまり，スウィンバーン（Swinburne）とコンウェイ・モリス（Conway Morris）が改訂し更新した文になっているが，実例は追加されていない．しかし，石版石石灰岩に関連する専門の課題に興味のある方は前述の 2 冊を調べた方がいいと思う．

以上のような理由から，私は写真により重点をおいた本を編集し，こういった空所を埋めることに手をつけた．可能な限りすべての属について入手可能な実例を示し，明らかに相互の細部が異なる種の写真も入れた．経験上，種には変更と再評価がつきものであることはわかっているので，個々の種についてより詳しく扱うことはしなかった．新種が絶えず設立され，属の地位に引き上げられる種さえもある．多くのことが流動的で，この無類の産地を詳細に扱うことは急務になる．研究がさらに進めば未記載の属と種の数も減り，多くの事例に大いに必要とされていた明快さを産む助けにもなるだろう．短い説明文を添えた実例をふんだんに使った本書が感動や考える材料を提供できればと願っている．本書がある種の批判にさらされることは確かだが，扱うものがしばしば不確かな状態にあることを考えると，このような反応は予期されることである．

それでも，私はこの仕事に挑んだ．その結果，紙幅の制限があり包括的かつ科学的な説明を提供することは望めないが，多岐にわたるゾルンホーフェン産化石の記録およびほぼ完璧な報告書としての役割を果たせるものになっている．

　最後に，本書が意図する読者対象という問題が残っている．まず，自然や自然史に興味のある多くの人々，そして，美しい化石をじっとみることで美的な喜びを得られる多くの人々にとって本書が役立つことを願っている．本書がコレクターに非常に役立つであろうことは疑いなく，本書の写真から，写真がなくてはわからないままになっていたかもしれない標本をコレクターが同定できるようになれることを望んでいる．科学者も，本書がより専門的な文献を補足する上で有益な報告書とみるであろうことを確信している．

　私はさまざまな異なる要求を満足させられるような本をつくりたかった．この目標達成に近づけていたとすると，私の努力は無駄ではなくなる．

　ドイツ，プラネック（Planegg）にて，1994 年

カール・アルベルト・フリックヒンガー

Karl Albert Frickhinger

増補にあたって

　写真を使っての記録を続けた「ゾルンホーフェン産化石（*Die Fossilien von Solnhofen*）」の出版以降，すでに図示された標本よりいっそうよい標本が発見され，まったく新しい発見の写真を撮る機会はほぼないだろうと思われるかもしれない．しかし，事実はその逆で，私は約3分の1が新種であることに気づき驚かされた．それ以外の標本も，区別がつかなかったり観察できることはわずかだったりはするが，少なくとも形態的な特有性がみられ，それらを本書に利用することにした．このため，補遺である本書の「重複」はかなり少ないことに気づかれよう．しかし，新しい標本は新しい側面を明らかにしている．別のよりすばらしく，意味深長な掘出し物が発見されたからである．

　このような状態の中で，改訂増補した第2版を読者に課していいものか，また，これまでにできた空所を補遺で埋められるかについて，著者と編集者は思いをめぐらした．その結果，私たちは妥当と思われるさらに新しい本を編集することにした．ゾルンホーフェン産化石のリストがこれまでのような勢いで増えつづけるようであれば，数年以内に，この仕事全体の新版が時宜を得たものになろうからである．

　このほとんど無尽蔵とも思える化石の産出は今後もさらなる驚きをもたらすものと思っている．また，科学者たちがゾルンホーフェン層産の化石に示す興味も増してきた．したがって，今後も多くの新しい結果を期待できるだろう．

　読者に地学的な序論を提供するようにと，これまで何回も求められてきた．この本は包括的で一般的な科学の教科書としてとらえられるべきではなく，さらにいえば，実例写真入りの解説書として考えられるべきのものである．しかし，地質学の簡潔な概観を含めることは，「ゾルンホーフェン産化石」の章の質を高め，より完全なものにすると思う．そこで，私の手に余ると思えたため，共著者として最新の知識に従ってゾルンホーフェン層の起源を説明してくださるようヘルムート・ティシュリンガー（Helmut Tischlinger）氏に依頼した［訳注：日本語版ではII巻に所収］．

　このように，ゾルンホーフェン産化石への関心を促すことに最善を尽くすのが私の望みであり，続けられる限り，この認められた形での記録を続けていくつもりである．

　　エメリング（Emmering）にて，1998年夏
　　　　　　　　カール・アルベルト・フリックヒンガー

謝　辞

原著第1巻

　今回の計画を成功裡に実現するため，惜しみなく私を支えてくれたすべての方に感謝したい．最初は，ゾルンホーフェン産化石を多数所蔵していることを知っていた博物館から調べた．利用できる全標本の写真撮影許可が得られ，標本管理者からは一人の例外もなく，私の多くの質問すべてに答えるための最善を尽くしてもらえた．

　すぐに，私の求めているすべての種の標本を博物館の所蔵標本だけに頼っていては発見できないことが明らかになった．そこで，ゾルンホーフェン産のまれな化石のより多くの標本を，個人の蒐集品から捜すことにした．ここでも，ほぼすべてのところで暖かい善意で迎えられ，私が興味をもったすべての標本を心よく撮影させていただけた．

　非常に多くの蒐集品を調査している間に，当然のことだが，よりよい標本にも出会う．このようにして，1500枚以上の写真を集め，整理することができた．多くの場合，最善の写真選びは決して容易ではなかった．

　最後に，私が非常にお世話になった方々すべてのお名前をあげて感謝を示したい．すべての方が本書の成功裡の実現に貢献しておられる．また，写真を提供してくださった方々や，個々の標本を送ってくださった方々のことも忘れられない．そのおかげで，自宅で都合のよいときに，それらの標本の写真を撮ることができたのである．

　本書の成功に特別貢献してくださった多くの方々には，特に感謝いたしたい．バイエルン州立博物館（Bavarian State Collection）の方々に加え，科学的な見地から原稿と写真説明を編集する労をとってくださったG.フィオール博士（Dr.G.Viohl）には特に謝意を示したい．G.デッカー氏（Mr.G.Decker）は記者的な書き直しをしてくださった．骨の折れる校正作業はR.エイジランド女史（Ms.R.Ageland），A.ゲーレン女史（Ms.A.Gehlen），F.ヴァルター氏（Mr.F.Walter）が入念にしてくださった．そして，もちろん，写真撮影助手として手伝ってくれただけでなく，その他多くの点で私を助けてくれた妻，G.フリックヒンガーにも感謝している．

　さらに，本書のグラフィックデザインに熱意をもって名案を提供してくれたマックス・グラス氏（Mr.Max Glas）にも感謝したい．最後になったが，本書を私の希望と理想に沿った形で創作し販売するリスクと費用を引き受けてくださったW.K.ヴァイデルト氏（Mr.W.K.Weidert）とゴールドシュネック出版社（Goldschneck Publishers）に御礼申しあげたい．

原著第2巻

　補遺としての本書の成功に貢献してくださったすべての方々に感謝したい．1巻であげたすべての方のお名前を繰り返すことは避けるが，今回も彼らは快く私を支えてくれた．そこで，彼ら全員にこの場で「ありがとう」とお伝えしたい．多くの方が私に標本を送ってくださったり，私の自宅に標本をもってきてくださったおかげで，しばしば，重い荷物をもって困難な旅をしないですんだ．

　多くの科学者も，いつものように私を支えてくれた．1巻に名前をあげたすべての方に心からの御礼を申しあげたい．しかし，3人には特に御礼を申しあげたい．トンボ類とその他の昆虫類に関する章を注意深く改訂してくださり，腸腮類の解説をしてくださった生物学士のギュンター・ベクリー氏（Dipl.-Biol. Günter Bechly），甲殻類に関する部分に目を通してくださったヘルマン・ポルツ氏（Mr.Herrmann Polz），そして，ウニ類を担当してくださり，多くの科学的な問題を解決してくださったマルティン・レーパー博士（Dr.Martin Röper）である．博士とモーニカ・ロートゲンガー夫人（Mrs.Monika Rothgaenger）は，私が写真を撮れるように，ブルン（Brunn）とヒーンハイム（Hienheim）への合同調査で得た化石を提供してくださった．最後になったが，原稿を注意深く吟味し，参考文献の多くの手がかりをくださり，本書を英訳してくださったウォルフガング・リーグラフ博士（Dr.Wolfgang Riegraf）に心より御礼申しあげたい．

　個人コレクターの方々へ，読者の注意をうながしておきたい．過去数年で初めてお会いした方々だが，所有しておられる化石蒐集品を調べる機会と，写したい写真を撮る機会を私に与えてくださった．ドイツのコレクター各人に心から感謝している．

目　次

ゾルンホーフェン概論 — 1
　　景観　2
　　古代ローマでさえ　5
　　地質構造　7
　　石版石石灰岩はどのように形成されたか　9
　　ジュラ紀後期の生物　10
　　石版石石灰岩の化石　13

植　物 — 14
　　藻　類 — 16
　　シダ種子類とソテツ類 — 19
　　イチョウ類と針葉樹（球果）類 — 23
　　偽化石：忍ぶ石 — 33

動　物 — 35

無脊椎動物 — 36
　　海綿動物 — 38
　　腔腸動物 — 40
　　　クラゲ類　40
　　　ヒドロ虫類　44
　　　花虫類　46
　　触手動物 — 47
　　　腕足動物　47
　　　コケムシ類　49
　　軟体動物 — 50
　　　巻貝類　50
　　　二枚貝類　53
　　　頭足類　58
　　　　オウムガイ類　58／アンモナイト類　58／ベレムナイト類とベレムナイト型鞘形類　65／イカ類　67
　　蠕虫類 — 75
　　　環形動物　65
　　　蠕虫類のような糞石　79
　　甲殻類 — 80
　　　カブトガニ類　80
　　　クモ類とウミグモ類　82
　　　蔓脚類　81
　　　アミ類　85
　　　等脚類　86
　　　小型エビ類　88
　　　大型エビ類　96
　　　シャコ類　108
　　　甲殻類の幼生　109
　　昆虫類 — 113
　　　カゲロウ類　113
　　　トンボ類　115
　　　ゴキブリ類とシロアリ類　129
　　　アメンボ類　131
　　　バッタ類とコオロギ類　132
　　　異翅類（カメムシ類）　136
　　　セミ類　139
　　　脈翅類（アミメカゲロウ類）　142
　　　シリアゲムシ類　145
　　　甲虫類　146
　　　膜翅類（ハチ類）　154
　　　トビケラ類　155
　　　双翅類（ハエ類）　156
　　棘皮動物 — 157
　　　ウミユリ類　157
　　　ヒトデ類　161
　　　クモヒトデ類　163
　　　ウニ類　166
　　　ナマコ類　173
　　半索動物 — 175
　　　ギボシムシ類　175

所収化石属名一覧　177／参考文献　181／和文索引　199／欧文索引　203／博物館・個人コレクション　207／写真提供者　209

II巻目次

地質的特徴・化石化作用・クリーニング

地質学上の概観　　　　　ゾルンホーフェン層　　　　　石切場と掘削
石版石石灰岩　　　　　　石版石石灰岩の起源と化石化作用　クリーニング

脊椎動物

魚　類
軟骨魚類
軟質魚類
全骨魚類
真骨魚類
総鰭類

爬虫類
カメ類
魚竜類
長頸竜類
トカゲ類
ムカシトカゲ類

ワニ類
恐竜類
翼竜類

鳥　類

歩行跡と痕跡/プロブレマティカ

歩行跡と痕跡
漣　痕

動物の歩行跡と痕跡
接地痕

生痕化石と巣穴

プロブレマティカ

著　者

　カール・アルベルト・フリックヒンガーは1924年，薬剤師の家系に生まれた．150年以上にもわたって，フリックヒンガー家の人々は伝統的に専門的職業とともに科学的な余技をふくらませてきた．したがってこの著者も幼少のころから植物と動物を観察しはじめていた．彼は特に化石に魅せられ，彼の青年期の初めごろから化石を蒐集しはじめたのは，自然の成り行きにすぎなかった．

　彼は製薬学と植物学を学び，このような関心を仕事にする方途を求めた．最初，彼は魚類を悩ませる病気の識別と治療法の面を専門にした．彼はその薬学的な知識を活かし魚類に寄生する生物と戦うための多数の製剤を開発することができた．彼は自身の「フリックヒンガー動物医薬品」会社を創設し，その製品を世界市場に出した．

　その会社を売却した後，彼の関心は古生物学に戻った．そして，魚類化石に彼の関心の焦点がおかれたのは当然のことだった．このことが彼の著作「魚類化石図解書」の出版に導いた．ゾルンホーフェンの世界的に有名な化石産地は，彼にとっては不断の魅力の根源であり，その信じられないほど多様な化石が彼を魅了した．この産地についての十分な図版のある書籍がないことを嘆くかわりに，カール・アルベルト・フリックヒンガーは古生物学の文献の中にある重要な欠陥を埋めることを期待して，この本の執筆を始めた．

ゾルンホーフェン概論

景　観

「石版石石灰岩（プラッテンカルク）」はアルトミュール川 Altmühl がドナウ川 Donau と合流するところから始まる．アルトミュール川を上流にたどっていくと，この小さな川はその合流域をこえて北方に少し伸びた後，この地域の旧採石場付近を横切って蛇行しつづけていることがわかる．アルトミュール渓谷の両側で境界をつくっているのは奇妙な姿の崖で，「海綿礁 Schwammstotzen（sponge reefs）」とよばれるこの崖は，この付近以外にはみられない特徴をもっている．この崖は太古の海岸をつくっていた．この海岸線の背後に複数の潟があり，その堆積物から非常に多くの化石が発見されてきた．

数カ所に断片的に森林がある以外，ここの景観で優勢なのは，典型的な乾燥した草地をもつビャクシンの荒れ地である．似たような光景がシュヴェービッシェンアルプ Schwäbischen Alb 全域でみられる——いや，みられたといったほうがいいかもしれない．ここでみられる非常に多様な植物は，この乾燥した草地を特に注目すべきものにしている．美しいアザミ類，アネモネ，さらに数種類のランは，すべてこの地域の原産になる．トカゲ類，ヒメアシナシトカゲ類，多くのチョウ類や昆虫類もこの特異な環境に生息している．きわめてまれなアポロウスバシロチョウさえここでみられると聞いている．

このあたりをハイキングすることは，まさに時間を費やすだけの価値がある．深い傷痕を残しているところがある石切り場さえ，独特の魅力をもっている．こうした石切り場の多くを縁どる，割られた岩石の積まれた山は，多くの動物にとってありがたい隠れ場になっている．特に化石に興味をもつまでもないアマチュアの自然観察者にとってさえ，アルトミュール渓谷のこのあたりは楽しめるものが多いと思う．

美しいアルトミュール渓谷の全景が見わたせる眺めからは，豊富な印象が得られる．多くの小さな村々，特に過去の世代から残っている古風で趣のある古い民家のみられる村々は，特筆に値する．一部の家屋の屋根は地元産岩石の苔むした石板で今でもふかれており，1世紀あるいはそれ以上も前に行われた重労働を想い起こさせる．

司教座が置かれている，歴史のある町アイヒシュテット Eichstätt はアルトミュール渓谷の冠たるものだ．アイヒシュテットにはその大聖堂と高所を占めるヴィリバルト城 Willibald Castle だけではなく，それ以外にも多くのものが備わっている．過去の世紀には司教座としての役を果たしていたヴィリバルト城にも，

典型的なビャクシンの生えた荒れ地

ドルンシュタイン近くにあるアルトミュール渓谷 Altmühltal の"ヒルツェルネ峡谷"

シェルンフェルトの近くにある石版石石灰岩の石切り場

今ではジュラ博物館 Jurassic Museum があり，訪問者はこの地域から出た化石コレクションの総合的な概観が得られる．

　この無類のコレクションを楽しんだ後，より多くを見たい訪問者には，渓谷に戻る前にオーベルアイヒシュッテッテル台地への急な道を登ることをおすすめする．そこではベルゲル博物館 Museum Bergér を訪れることができる．ゾルンホーフェンでは市立ミュラー博物館 Müller Museum に立ち寄ってから，再び登って，マクスベルク博物館 Museum on the Maxberg のコレクションを見てもいいだろう．現在に典型的なあわただしい旅程の訪問者は，こういったところでこの地域の十分な概観を1日で得られよう．旅程に余裕のある人は，休暇のすべてをここで過ごしても決して後悔はしないと思う．快適な宿屋が夜を過ごすように旅行者を誘い，その多くがすばらしい料理をも誇りにしている．最後に，このあたりの人々は洗練されたバイエルン方言のアクセントをもつドイツ語を話すことに触れておかなければならないだろう．北方のそれほど遠くないところに使用言語の境界があり，そこで，バイエルン方言がフランケン方言に置き代わっている．

　さて，この地域と人々に関してはこれで十分だろう．次に，歴史的な概観について簡単に述べさせてもらう．

古代ローマでさえ

　この「古代ローマでさえ」という語句は，しばしば，ある光景や集落を描写する際の前置きとなる．これからアルトミュール渓谷について触れるにあたって，この地域に初めて住んだのが決して古代ローマ人ではなかったことを，前もって触れておく必要がある．人工の遺物がその証拠で，ローマ人の到着するはるか以前にヒトの集落があったことを示している．石器時代の最初の居住者が，石版石石灰岩を利用していたことさえ個々の発見は証明している．石版石石灰岩は比較的に軟らかい岩石で，簡単に刻んだり彫ったりすることができるため，描く表面としては理想的だった．

　しかし，古代ローマ人に話を戻そう．1世紀と2世紀には，ローマ人はドイツ南部まで進出していた．戦闘の好きなゲルマン民族に対する自衛のため，ローマ人の入植者たちは防御用の壁，つまり「国境の防壁」を建設し，この壁は石版石石灰岩地域を横切って延びていた．軍団兵の野営地やその他の集落は，この防御用境界の南側につくられた．

　ローマ人は簡単に切り刻める石版石石灰岩をふんだ

ジュラ紀の石灰岩でつくられたローマの彫刻，ヴィリバルトスブルク博物館

んに利用し，床材や浴槽の装飾用としてしばしば使っていた．このような人々が化石に興味をもったかどうかはわからないが，石切り場での作業中にローマ人が太古の遺物と遭遇したことは考えられる．そして，古代の職人の一部は自分の発見が気に入ったかもしれないように思える．この推測の証拠は得られていないが，確認されていないからといって「そうでない」という決定的な証拠にはならない．

　後の世紀に至ると，石版石石灰岩は多数の用途に使用されるようになった．この岩石の痕跡はこの地域から遠く離れたところでもみいだすことができ，石版石石灰岩はコンスタンティノープル Constantinople のアヤ・ソフィア Hagia Sophia の建設にも用いられていたと一部の歴史学者は考えている．この時代にはすでに活発な交易が栄えていたにちがいない．それにもかかわらず，こういった事柄についての私たちの知識はあまり多くなく，化石に対する多大な関心が暗黒時代を生き延びることができたと想定することもできない．このような「悪魔的なもの」から生まれたどんな関心も，教会によって非難され秘匿されたことは疑う余地がないだろう．化石はキリスト教の教義内にはあてはまらない．仮に注目されたとしても，常に，化石は聖書によるノアの洪水の遺物として説明された．

中世後期になって，石版石石灰岩はある程度の開花期を享受した．簡単に切り刻める岩石は建材や屋根のふき材として用いられた．また，芸術作品の素材として用いられたことも忘れてはならない．古い浮き彫りの印象，特に墓石がこの事実の証拠になっている．

決定的な転機は1793年に訪れた．この地域のある種の岩石が，石版石印刷の板づくりに使えることをアーロイス・ゼーネフェルダーAlois Senefelderが発見したのである．彼自身が認めているように，この発見は主として偶然の産物だった．彼は油性インクを使って，研磨した石板に覚え書きを記した．この特定の石板を酸性溶液で腐食するという考えを彼はどこで得たのだろう？ それがどこであれ，油性の文字が損なわれずに残るのに対し，そのまわりの岩石は酸に腐食されることに彼は気がついた．その結果，文字と数字は浮き彫りになって見え，ゼーネフェルダーは印刷改良の手段を偶然発見したことに気がついた．印刷用のインクにゼーネフェルダー原作の油性インクが使われるようになり，このようにして石版印刷の技術が生まれた．もちろん，ゼーネフェルダーが自分の出した結果に満足するまでには時間もかかったが，スタートは切られていた．

それから，この岩石の大規模な切り出しが始まった．より多くの化石が明るみに出るようになり，簡単に無視するわけにはいかなくなった．ゾルンホーフェン産化石に関する文献の量は19世紀の初期以降，着実に増えつづけている．ほんの数例をあげるとすれば，ミュンスターMünster，シュロットハイムSchlotheim，ガーマGermar，ヴァーグナーWagnerに加え，マイヤMeyer，オッペルOppel，ハーゲンHagenといった著者をあげるべきだろう．早くも1904年には，ヴァルターWaltherがすでに650の異なる種について論じている．実際にはそれほど種類は多くなかったが，それについては後で説明する．それにもかかわらず，世界で最も豊かな化石種の多様性を伴う産地のひとつとして，石版石石灰岩の名声はすでに確立されていた．

私たちヒトという種は，最も初期の時代以来，狩猟と採集という力強い衝動を感じてきた．したがって，大規模な化石コレクションがすぐに集まったとしても不思議ではない．科学的な蒐集に併行して，科学に関心をもつ個人も秘蔵の化石を集めはじめた．特に医師は後者の仲間の一員で，ヘーベルラインHäberleinとレーデンバッハRedenbacherの名をあげなければならないだろう．コレクターたちが交換もしたいという欲

産出中の石切り場

（化石に関する本の）石版石印刷の板

求に駆られることも理解できる．彼らにそのような欲求がないとしても，その後継ぎが集められた石の宝をより流通性のある財産と交換したいという誘惑に時として屈することは間違いないだろう．このようにして，ヘーベルラインのコレクションは始祖鳥 *Archaeopteryx* の最初の標本とともに，最終的にはロンドンに渡ることになった．その化石が輸出されたことは，当時ミュンヘン München で権威ある古生物学者だったA. ヴァーグナーに責任があった．進化論に敵対していた彼はその化石の重要性を理解できず，始祖鳥を単に「羽毛のある爬虫類」として書き留め，それ以上の考慮はしなかった．

今日では，伝統的な石版石印刷技術の重要性は薄らいできたが，今でもここでは大量の石版石石灰岩が切り出されている．しかし，注意深い観察者は，特に周辺地域で，石切り場が無益な場所として見捨てられつつあることに気づくだろう．そして，新しい化石が次々と出てくる状態の途絶える日が遠くはないだろうこともすでに予想できる．そのときには，この地域の化石は枯渇したと考えられ，この無類の化石産地も完全に失われ，単に「歴史」として残ることになるだろう．

地質構造

この地域全体が形成された過程の漠然とした概念でもつかむためには，遠い過去に目を向ける必要がある．ここでは，現在のドイツ南部の一部であり，今日石版石石灰岩がみられる地域に限って話を進めたい．地球の表面は決して静的でも不変でもなく，長期間にわたって漸進的な変化にさらされており，今後もこのような変化にさらされつづけると心に留めておかなくてはならない．

石炭紀の間に，ドイツは東西にのびる山脈によって分割された．しかし，早くもペルム紀の初めには，このかつての巨大山脈はほとんど姿を消し，基盤の中心部だけが残されていた．ペルム紀と三畳紀の間に，この残されていた中心部は次第に粘土と砂岩堆積物の下に埋もれた．この堆積物は，乾いた陸地に起源をもつものと，繰り返しの海進でこの地域に洪水をもたらした海の海底堆積物だった．ドイツ南部のこの地域は，次第に，ゆっくりと流れる河川で切り裂かれた広い平地へ変化した．

次に，地殻の変動で地表が沈下した．ジュラ紀の初めまでには，海がドイツ南部地域に氾濫するほど，その沈下が進んでいた．堆積物として最初に沈殿した物質が粘土と泥灰土である．いずれも暗色であるため，地質学者はこれらの層を黒ジュラ（ライアス統）とよんでいる．堆積の次の段階は，砂岩と石灰岩が続いた．これらは褐色を帯びているため，この層は褐ジュラ（ドッガー統）と命名された．その後に続いた堆積物は明るい色のチョークとマールで構成されていたので，白ジュラ（マルム統）と名づけられた．今日ではこの分類は用いられなくなっており，地質学者は下部ジュラ系・中部ジュラ系・上部ジュラ系というより厳密な用語を用いている．上部ジュラ系の最上位付近にある複数の層が石版石石灰岩に相当する．次に，地層の形成年代によって，これらを地質学上のマルム ε 層からマルム ζ 3層までに細分することもできる．

典型的な「海綿礁」

これらの岩石の平均的な年代は，約 1 億 5000 万年前と年代づけられている．

ジュラ紀末近くに地表は隆起しはじめ，海は今日の北部フランケン地方にあたるところから南方へ後退した．

白亜紀末から第三紀にかけてアルプス山脈が隆起し，はじめて当時の光景が現代の外観を呈するようになった．ジュラ紀の広大な海洋テーチス海 the Thethys の名残が今日の地中海である．

石版石石灰岩はどのように形成されたか

開けた海は海綿とサンゴの礁で縁どられていた．この礁の北には広大な潟が拡がっており，沈殿物の石版石石灰岩がその潟の深みに形成された．この堆積物がどのようにしてつくられたかの詳細については，1 世紀以上にわたって専門家の間で議論が続いている．

少なくとも一時的には，この潟は海洋から切り離されており，ひどい嵐のときにだけ氾濫したと主張した人がいる．また，潮の干満の動きを活用して説明した人もいる．さらに，この潟は時々完全に干上がったかもしれないと主張した人もいる．

どの説明が正しいにしても，ひとつのことは確かである．この潟は生物にとって都合のよいところではなかったということである．水面近くの状況は限られた量の微生物であれば維持できた可能性はある．しかし，潟深部では酸素が欠乏しており，より高度な生物は存在できなかった．とはいえ，この酸素の欠乏は化石の例外的な保存を生む役を果たした．底生の腐食動物は酸素なしでは生きられなかったので，底に沈んだ有機

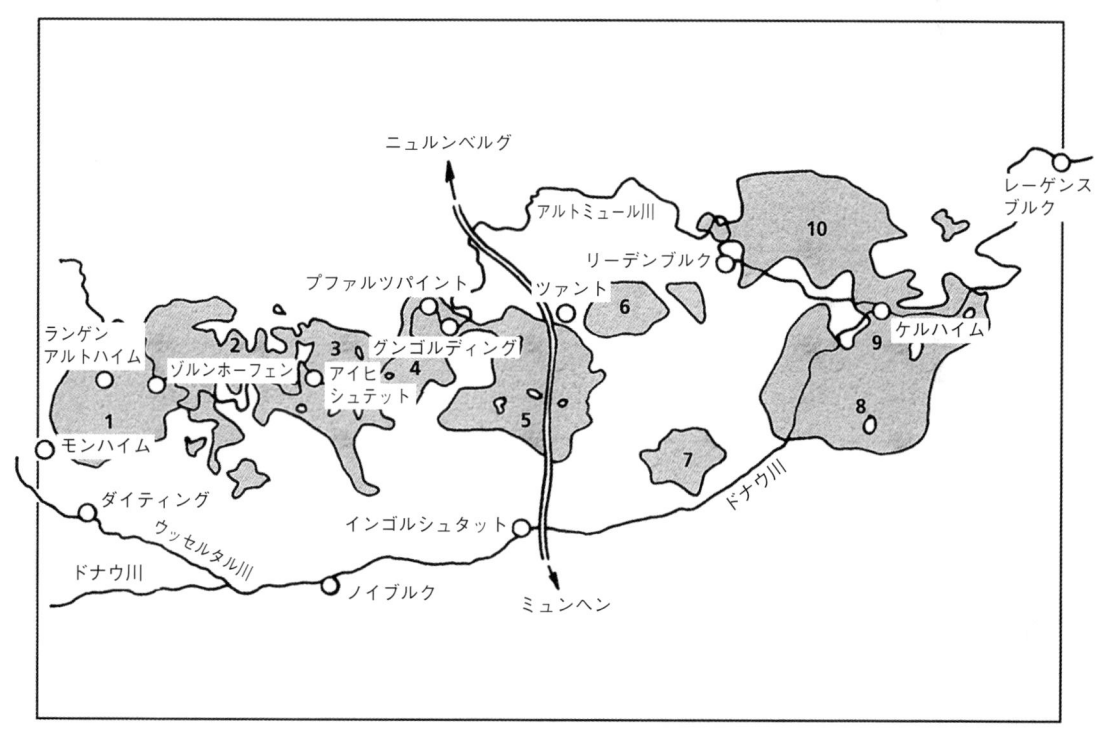

石版石石灰岩の分布
1　ゾルンホーフェン / ランゲンアルトハイム盆地
2　シェルンフェルト盆地
3　アイヒシュテット盆地
4　グンゴルディング・プファルツパイント盆地
5　デンケンドルフ / ベームフェルト盆地
6　シャムハウプテン / ツァント盆地
7　ハルトハイム盆地
8　ヒーンハイム盆地
9　ケルハイム盆地
10　パインテンハイム盆地
フォン・フライベルク v. Freyberg, 1968 年による

物は食べられることがなかった．さらに，ほぼ無気性の状況だったので，化石素材が埋没するまでの微生物による分解も遅かった．

定期的に氾濫する以外，この潟は開けた海から切り離されていたと仮定すると，潟に流されてきたどんな生物にとっても，生き延びられる機会が少なかったことは疑いない．しかし，開けた海とある程度のつながりさえ持続していれば，一部の生物は開けた海に戻ることで助かったかもしれない．しかし，潟自体のもつ条件の中で生き延びられた生物は，ほとんどいなかっただろう．

それでは，石版石石灰岩はどのようにして形成されたのか？ この疑問に対する答えについて難しく考えすぎる必要はない．激しい嵐がいちばん可能性の高い原因になる．浅瀬地域にあった新たな堆積物が洗い流され，潟の底にある細かい縞様の層に徐々に堆積した．蒸発率が高かったこと，そして，新しい海水との交換が限られていたことで，無機的な物質が過剰になり，さらにチョーク質の堆積物の沈積につながったのかもしれない．嵐の力と無機物の増加によって次々に層がつくられ，これらの層がより新しい層の下により深く埋まるとともに，ますます圧縮された．約50万年の間に莫大な層が次々に堆積していき，それが石切り場の岩石と熱心に探し求められる化石の母岩を産んだ．

ジュラ紀後期の生物

敗北，絶滅，運命の逆転が，地球の歴史全体を通して断続的に起こっている．動物相の大きな割合が姿を消し，それによって空所になったニッチで，生き残った生物が進化し繁栄することができた．このような進化上の切れ目であり，ジュラ紀以前で最後のものは三畳紀末ごろに起こっている．

このような大絶滅はジュラ紀には起こらなかったと考えられている．世界には例外的な地域もあり，そこでは二枚貝類・巻貝類・アンモナイト類の多くの種類が減少し，進化上の発展における新段階が始まっていた．脊椎動物はほとんど影響を受けなかったため，この時代の魚類と爬虫類には非常にすばらしい発展がみられる．爬虫類にとっては条件が特に有利で，巨大な陸生の恐竜類が進化したのもこの時代だった．

爬虫類の特殊な一族は空への進出さえ始めた．ジュラ紀末までの翼竜類の多数種の出現につながった発展である．最終的には，最初の鳥類として知られる始祖鳥の出現への時が熟していた．

魚類では軟骨魚類が優勢だったが，この優位は進化の歴史の中では比較的短い期間だったと考えられる．すでに最初の真骨魚類が容赦ない隆盛を極めはじめて

Louis Figuier, ノアの大洪水以前の地球
パリ，1864年

いたためである．上部ジュラ系の地層で明らかなように，甲殻類の種数も劇的に増えている．多くの例をあげることもできるが，それには紙幅が足りないだろう．

この地域の動物界は豊富さ，多様性，そして，少なくとも部分的な発達の証拠になっているが，ここの植物相に対しては同じことはいえない．存在したのは非常に初期の原始的な植物だけで，今日の地球で優位を占める被子植物はまだ出現していなかった．現代の多

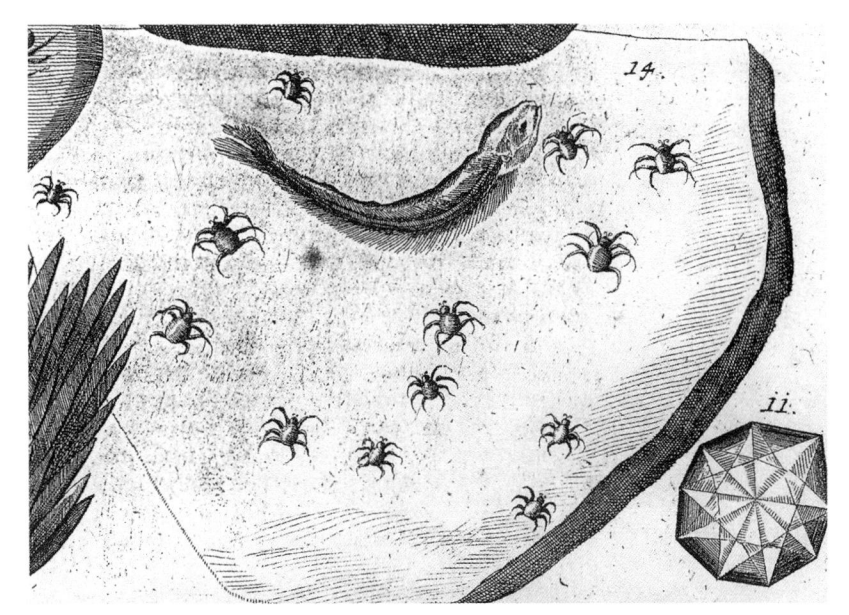

レプトレピス属 *Leptolepis* とサッココマ属 *Saccocoma*
J. Ch. Kundmann, 1737 年

ゾルンホーフェンの近くにある石切り場で化石を探すコレクター

様性に向かっての進化は，植物界ではややよりゆっくりとした速度で進行したように思われる．しかし，植物化石は断片的でしかないことがしばしばで，そのため，動物化石ほど容易に同定できないことも心に留めておかなければならない．

いずれにしても，進化上の発展にとって有利な温暖気候が，ジュラ紀末の特徴をなしていたことは確かである．長い乾燥期間が続いた後に，雨の多い期間が比較的短期間続いたものと仮定できる．しかし，気候が極端に乾燥していたことはない．なぜなら，昆虫類の化石が潟近辺に淡水のあった証拠になるからである．淡水は湖に蓄積したにちがいない．そうでなければ，

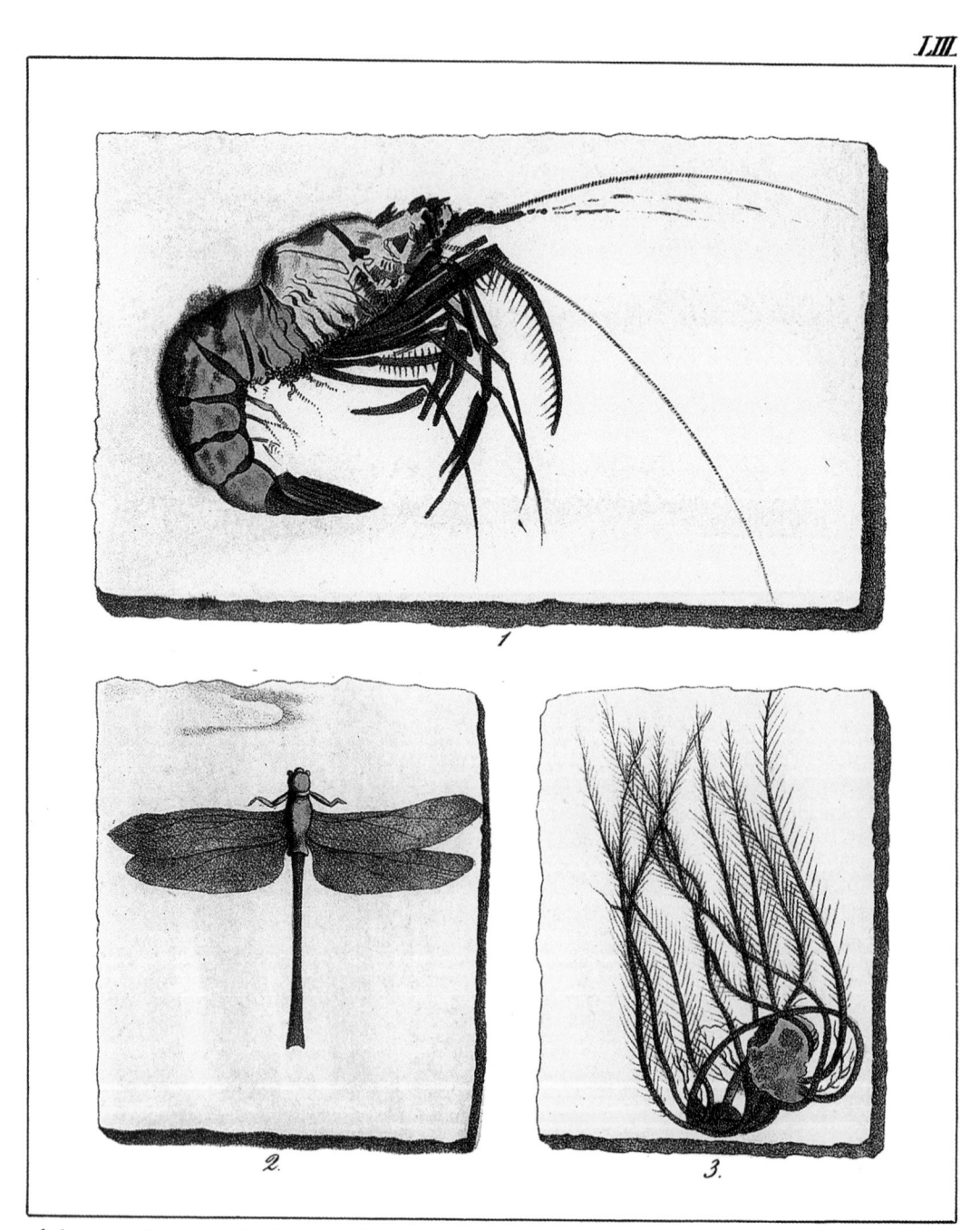

1. Aeger tipularius. 2. Aescha grandis. 3. Decacnemos penatus.

Dr. F. A. Schmidt 著『化石の本 *Petrefaktenbuch*』の図 53

当時でさえ淡水で幼生段階を過ごす必要のあったトンボ類の存在が説明できないからである．仮に，これが海で起こったとすると幼生が必ず見つかるはずである．少数の風変わりな化石遺物はあるが，どう見ても，昆虫類の幼生とは同定できない．

石版石石灰岩の化石

すでに述べたように，多様性の面でも，独特の高品質な保存の面でも，石版石石灰岩の化石は世界に類をみない．石版石石灰岩の化石を数え上げてみると，最新の研究では，記載された属の数は330をこえると思う．しかし，新しい未記載の変わり種が発見されたり，再発見されたりしていることを心に留めておく必要がある．こう考えてくると，合計は約360属になる．認められた種の数を数に入れると，550という数も誇張とはいえなくなる．

バルテルBarthelは属の数を以下のようにリストにあげている．しかし，この全数調査にはある種の無脊椎動物，特に甲殻類と昆虫類が含まれていないこと，また，現在有効とみなされている魚類のいくつかの属も見落とされていることがわかっている．

海綿動物	2	甲殻類/類縁動物	38
クラゲ類	7	昆虫類	51
ヒドラ類	3	ウミユリ類	4
サンゴ類	1	ヒトデ類	2
腕足動物	3	クモヒトデ類	3
巻貝類	4	ウニ類	8
二枚貝類	6	ナマコ類	2
アンモナイト類	12	魚類	54
イカ類	7	爬虫類	28
環形動物	4	鳥類	1
植物	12		

化石動物相からは，ジュラ紀の海に生息したかつての動物の非常にすばらしい全体像が得られる．自由遊泳性の生物はよくみられるが，底生や着生の生物はまれである．この不均衡は石版石石灰岩がつくられた過程に理由があるのかもしれない．一方では，乾燥した陸地の隣接地域から潟へと，ある種の生物が押し流されてきた可能性もある．植物化石の大部分はこのようにして流れ着いた．これまでに見つかった種の総数から考えると，陸生植物はとるに足らないほどの僅少部分でしかない．昆虫類だけが―これも陸起源だが―驚くほどの多様さで産出している．

石版石石灰岩は化石に「満ちあふれている」と考えたくなるかもしれない．確かに特定の層は多くの小型魚類を含んでおり，一部の産地では自由遊泳性のウミユリ類サッココマ属 *Saccocoma* が大量に見つかっている．他の産地からはクモヒトデ類ゲオコマ属 *Geocoma* の豊富な堆積物が産出している．ときおりみられるこのような大量産出はあるが，大部分の場合，保存状態のよい化石1点を見つける前には，数トンもの岩石を取り除かなければならない．このように，化石を発見する機会は石版石石灰岩の継続的で大規模な採石に依存しているのである．化石のためだけに石切り場を経営することはほとんど無価値だろう．膨大な量の不要な岩石の処理で起きる諸問題もあり，特にそういえるだろう．

確かなことがひとつある．最も美しい化石が，より軟らかく「無用な」岩石が押しのけられた廃石の山からしばしば見つかることである．より硬い岩石から有史以前の遺物を産出することはめったにない．

本書にはこれまでに記載された属の目録を示し，まだ分類の確定していない一部の生物も含んでいる．一部の明確な種についても，網羅的な全数調査に近いものを提供しようといった試みはしないで言及することになるだろう．

フォン・ツィッテルによるジュラ紀の景観

植物 Plants

　すでに触れたように，石版石石灰岩地域の植物相は，明らかに特に多様とはいえなかった．また，植物化石が比較的に少ないことも単なる偶然の符合ではない．藻類と葉状植物を除くと，ゾルンホーフェンの化石はかつて乾いた陸地に生育していた植物に限られている．化石として保存されるためには，こういった陸上の植物は風や流水によって潟湖に押し流されねばならなかった．この事実だけでも多量の植物化石は期待できなくなる．さらに，潟湖の岸に近い地域は，おそらく青々と茂った植生が存在できる支えにはならなかった．ここでの土壌は，高度の塩分を含んでおり，多くの植物にとって不都合だった可能性がある．

藻類 Algae

　原始的な体制の藍藻類（シアノバクテリア）とともに，このグループは褐藻類，つまり根こそないが適当な堅い基質に付着できる海藻類を含んでいる．

　藍藻類 Cyanophyceae［訳注：現在の分類では，核膜に囲まれた核や葉緑体をもたない真正細菌であり，藍色細菌・シアノバクテリアとも呼ばれる］もつれた糸の塊のような構造物が見つかることがある．これらの化石は藍藻類グループの遺物と考えられている．この解釈が正しいかどうかは未解決の問題である．同じような不確実さは幅広で帯状の構造物にもあてはまる．
(1,2) 藍藻類

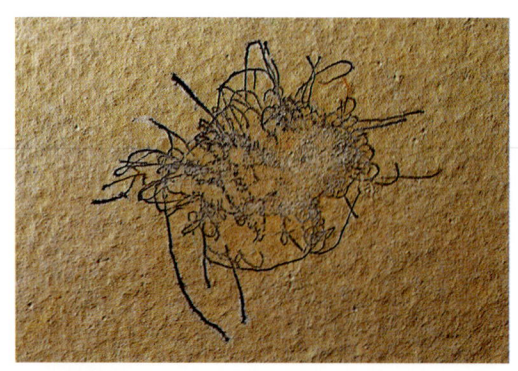

(1) 藍藻類　ゾルンホーフェン産，9 cm，フリックヒンガー氏蔵（ミュンヘン）

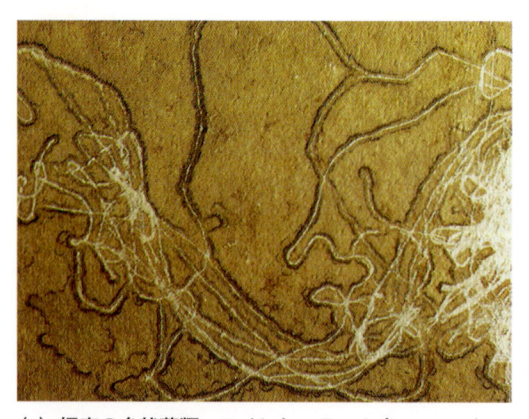

(2) 幅広の糸状藻類　アイヒシュテット産，17 cm，シュミット氏蔵（フランクフルト・アム・マイン）

　フィロタルス属（褐藻類） *Phyllothallus*　この名称で記載されている海生植物は海藻らしい．大型や小型，

(3) フィロタルス・エロンガトゥス　アイヒシュテット産，10 cm，マクスベルク博物館（ゾルンホーフェン）

(4) フィロタルス属の種（幅広の型）　アイヒシュテット産，13 cm，フリックヒンガー氏蔵（ミュンヘン）

藻 類 17

(5) フィロタルス属の種（ほっそりした型） ゾルンホーフェン産, 18 cm, フリックヒンガー氏蔵（ミュンヘン）

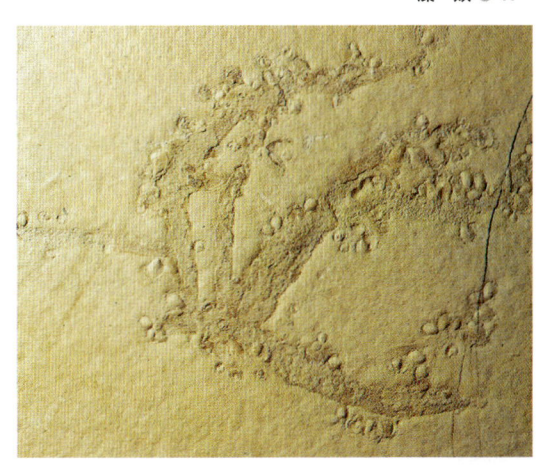

(6) フィロタルス属の種（カキ類を伴う） ゾルンホーフェン産, 20 cm, 市立ミュラー博物館（ゾルンホーフェン）

幅広のものや幅の狭いものと，いろいろな型がある．このグループをいくつかの種に分類する試みもなされてきた．しかし，この試みが正当かどうかについては，よりいっそうの議論とより細部にわたった探究が要求されると思う．この植物素材の表面は，通常，粗くて粒状になっている．この海藻類の表面には，ときどき小型のカキ類が付着していることがある．

(3) *Phyllothallus elongatus* Sternberg
(4-6) *Phyllothallus* sp.

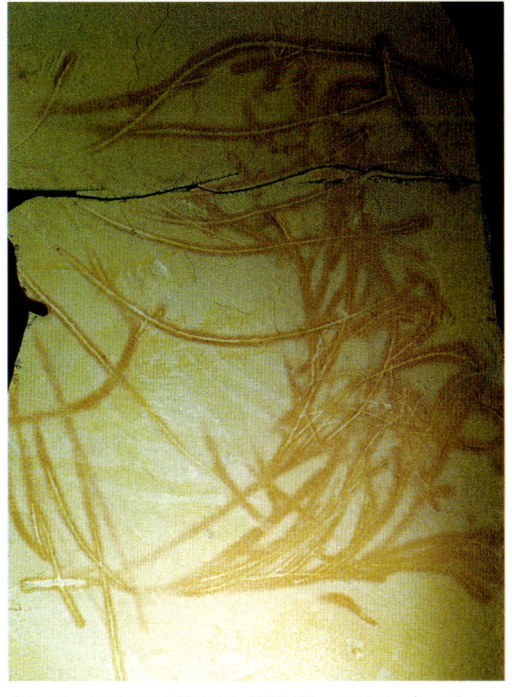

(7) フィロタルス属の種（個体群，コロニー） アイヒシュテット産, 48 cm, マクスベルク博物館（ゾルンホーフェン）

(8) シャジクモ類 ヴィンタースホーフ産, 18 cm, ジュラ博物館（アイヒシュテット）

写真は海藻状の褐藻類で，ある特定の種に属するとみられるグループだが，ここではフィロタルス属として扱う．

(7) *Phyllothallus* sp.

シャジクモ類 Characeae　ここで取り上げているのは，多少とも進歩した藻類である．典型的な，ふさふさした構造物が枝々から出ている．稀少である．

(8) シャジクモ類

カサノリ類 Dasycladaceae　この藻類の奇妙な標本は緑藻類とみられ，これまでゾルンホーフェン層では記載されていなかった．きわめて最近，これらの化石が層序的にはいくらか古い，ブルンの石版石石灰岩で発見された．これらの化石は非常に小さく，ちょっと見ただけでは目立たない．この化石は他の石版石石灰岩の産物中にも発見されるだろう．また，見落とされてきたにすぎないのかもしれない．しかし，これらの化石が頻繁に産出するのは，ブルンの属する浅海の周縁堆積物である．今日このような藻類は海面近くに住む．ブルンで見つかったカサノリ類が注意を引いたことにより，これらの藻類は他の堆積物中からの発見も期待できそうである．カサノリ類は石灰質の物質を分泌でき，したがって，礁の成長を助けることになる．この藻類の古いグループは，その系統的起源を古生代にさかのぼる．

クリペイナ属 *Clypeina*　輪がボタン状の列をつくり，真珠の首飾りに似ている．その一端が海底に付着，他端は水柱の中で自由に漂わせていたらしい．

(9) *Clypeina* sp.

ゴニオリナ属 *Goniolina*　これは最も美しいカサノリ類である．小さな軸には筒状の輪があり，全体は小さな梶棒を思わせる．

(10) *Goniolina* sp.

ペトラスクラ属 *Petrascula*　短い軸が円形の枠組みに大型化し，その中心部に密集した輪がある．

(11) *Petrascula* sp.

(10) ゴニオリナ属の種　ブルン産，6 cm，バイエルン州立古生物学・地史学博物館（ミュンヘン），記録：レーパー / ロトゲンガー

(9) クリペイナ属の種　ブルン産，5 cm，バイエルン州立古生物学・地史学博物館（ミュンヘン），記録：レーパー / ロトゲンガー

(11) ペトラスクラ属の種　ブルン産，2 cm，バイエルン州立古生物学・地史学博物館（ミュンヘン），記録：レーパー / ロトゲンガー

シダ種子類とソテツ類 Seed Ferns and Palm Ferns

　現在の森林でみられるような真のシダ類は，地史上のこの段階ではすでに進化していたが，石版石石灰岩ではひとつの標本の産出もあげられていない．解釈のひとつとして，シダ類が多少とも日陰になる生息地で，水分の多いところに向いているという事実がある．こういった条件は潟湖近辺には確かに存在しなかった．
　しかし，約150年前に，この植物グループに入れられるかもしれない植物の化石が記載されている．しかし，これは同時に発見された種子の莢を考えた上のことで，それが認められるならばということであり，この標本が実際にシダ種子類かどうかはいえないままに留まっている．

（12）*Sphenopteris muensteriana* Göppert, 1846

　シダ種子類は最も原始的な裸子植物のひとつである．その葉はシダ類の葉を偲ばせる．まれではあるが，これらの植物がゾルンホーフェンの化石中に発見されている．葉の下面に胞子嚢を形成する真のシダ類と違って，シダ種子類は真の種子を形成する．
　ソテツ様の植物は，多少とも見分けやすい幹をもち，葉はその幹の上端に着く．葉は，ヤシ類にもシダ類にも似ている．種子のつくりを調べると，これらの植物は，現在の顕著な植物相を形成している顕花植物，つまり，被子植物への進歩の第一歩を示唆している．
　しかし，木生シダ様の植物は原始的な花のような構造をもっており，この事実は前述のような見解に支持を与えている．

（13）未命名のソテツ類の蕾

キカディテス属 *Cycadites*　　この名称はシダ種子類

（13）ソテツ類の蕾　アイヒシュテット産，3cm，ルドヴィヒ氏蔵（シュトゥットガルト）

（12）スフェノプテリス・ムエンステリアナ　ヴィンタースホーフ産，3cm，クラウス氏蔵（ヴァイセンブルク）

（14）キカディテス属の種　パインテン産，10cm，ベルガー氏蔵（プラインフェルト）

の厚い中央肋をもつ葉の記載に使われている．キカディテス類は，石版石石灰岩ではめったに発見されない．

（14） *Cycadites* sp.

キカドプテリス属 *Cycadopteris*　これもシダ種子類のひとつである．その完全な枝葉は 1m くらいの長さになることがある．化石には丈夫な中軸から伸びた，個々の小葉だけが保存されていることが多い．この中軸の全長にわたってそれらの小葉がついている．中軸の基部末端から出ている小葉は舌状である．各小葉は枝葉の先端になるにつれて大きくなる．小葉の縁が下の方に湾曲した点が特徴的である．個々の小葉は，皮革状の防御被膜で覆われ，おそらく乾燥した気候条件への適応だった．

（15） *Cycadopteris jurensis* (Kurr, 1845)
（16） *Cycadopteris* sp.

図 15 の写真は単独の小葉だけだった．最近得られた標本ではひとつの枝葉のより大きな部分がみられ，このシダ種子類の全体像をよりよく復元できる．

（17） *Cycadopteris jurensis* (Kurr, 1845)

バックランディア属 *Bucklandia*　ソテツ類に属する．この遠い類縁者がソテツで，現在の熱帯地方に約 90 の種が生き残っている．個々の小枝には明らかな成長段階と托葉［訳注：現生の裸子植物ではみられない］の痕跡がみられる．

（16）キカドプテリス属の種　アイヒシュテット産，4.5 cm，クラウス氏蔵（ヴァイセンブルク）

（15）キカドプテリス・ジュレンシス　ケルハイム産，10 cm，バイエルン州立古生物学博物館（ミュンヘン）

（17）キカドプテリス・ジュレンシス　ケルハイム産，9 cm，カリオプ博士蔵（レーゲンスブルク）

シダ種子類とソテツ類 ● 21

(18) *Bucklandia* sp.

ザミテス属 *Zamites* これもソテツ類に属する．幅が狭く，槍先状の個々の葉はヤシのような印象を生む．

(19) *Zamites feneonis* Brongniart, 1849
(20) *Zamites parvulus*

図 19, 20 はきわめて貧弱な保存状態であった．この完全な葉（図 21）にはヤシの枝葉との非常に大き

(18) バックランディア属の種　ヴェンツェルスホーフェン産，18 cm，バイエルン州立古生物学博物館（ミュンヘン）

(19) ザミテス・フェネオニス　バート・アプバッハ産，8 cm，バイエルン州立古生物学博物館（ミュンヘン）

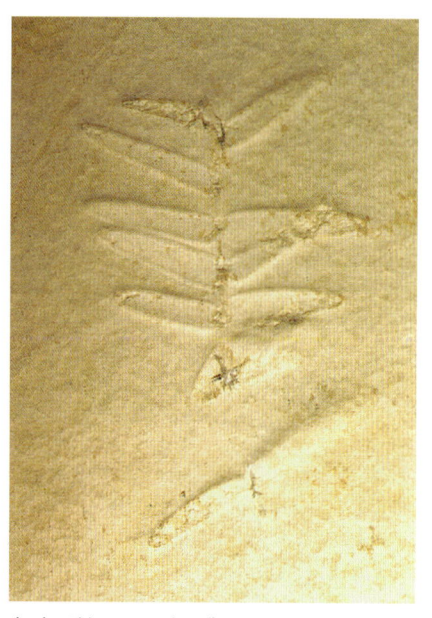

(20) ザミテス・パルブルス　アイヒシュテット産，7 cm，ベルゲル博物館（ハルトホーフ）

(21) ザミテス・フェネオニス　ブルン産，17 cm，市立ミュラー博物館（ゾルンホーフェン）

な類似点が認められる.

(21) *Zamites feneonis* Brongniart, 1849

スフェノザミテス属 *Sphenozamites* 別種のソテツ類を示す.ここでみられる個々の葉は幅が広く,辺縁は円形になる.その辺縁の先端は中軸の方に向いている.一見したところではこの植物はシダ類の一種と見誤られるかもしれない.石版石石灰岩では,きわめてまれにしか発見されない.

(22) *Sphenozamites rossii* Zigno

未命名のソテツ類 小さく弱々しい柄のある枝葉は,幅が狭く,交互に配列された葉先のない小葉をもっている.この標本はより遠縁のウィリアムソニア属 *Williamsonia* に属するかもしれない.この植物は石版石石灰岩では記載されていない.

(23) 未命名のソテツ類

(22) スフェノザミテス・ロッシイ アイヒシュテット産,19cm,バイエルン州立古生物学博物館(ミュンヘン)

(23) 未命名のソテツ類 ケルハイム産,8cm,カリオプ博士蔵(レーゲンスブルク)

イチョウ類と針葉樹（球果）類 Ginkgo and Conifers

　一般的な意味では，イチョウ類とその類縁植物は針葉樹類に含むことができる．イチョウ類の特徴のある葉の形は融合した針状葉と解釈される．しかし，イチョウ類の果実は，針葉樹類の典型的な球果とはまったく似ていない．仮にこの相違点を無視すると，イチョウ類とその類縁植物は，針葉樹類の最も古い多様な種類といえるだろう．唯一の種ギンゴ・ビロバ *Ginkgo biloba* は中国の少数の地域に「生きている化石」として，生き残っている．この印象深い樹木は世界中の公園や庭園でも生長しているのがみられる．

　真の球果類は一般的にその短い針状の，また時に，鱗片状の葉によって見分けられる．球果状の構造が種子を保護している．未成熟の球果は密に並んだ鱗片葉をもち，その球果が成熟すると鱗片葉は開いて種子を放出する．針葉樹類は現在の植物相では広範に分布しており，特に北半球で広大な森林を形成している．針葉樹類の化石は石版石石灰岩の植物化石では最大の割合を占めている．

　コンドリテス属 *Chondrites*　これまでのところ，発見されているのは個々の葉だけである．その外郭はイチョウ類の葉を示唆しているが，その脈が明らかに識別できないこともあり，疑問も出ている．一部の専門家はこの化石は実際はある種の藻類で，おそらく現生属の緑藻類ハゴヤモ属 *Udotea* に類縁だと考えている．
（24）*Chondrites flabellatus* Unger, 1854

　フルキフォリウム属 *Furcifolium*　イチョウ類に属している．長く，深い，叉状の葉をもつ．葉の基底は融合し，束生で，葉の頂点は棘になっている．葉は縦に溝のある丈夫な小枝につく．古い文献では，しばしば

(24) コンドリテス・フラベラトゥス　ゾルンホーフェン産，3 cm，バイエルン州立古生物学博物館（ミュンヘン）

(25) フルキフォリウム・ロンギフォリウム　ダイティング産，51 cm，バイエルン州立古生物学博物館（ミュンヘン）

バイエラ属 *Baiera* という異名を使って言及されている。最近の研究では，フルキフォリウム属はイチョウ類よりはむしろ，シダ種子類やソテツ類の類縁植物に分類されることを示唆している．

(25) *Furcifolium longifolium* (Seward) Kräusel, 1943

　図25で示した標本はかなり断片的だったが，図26の標本はより完全で，トクサ類に似た植物の全体像が得られる．

(26) *Furcifolium longifolium* (Seward) Kräusel, 1943

アトロタクシテス属 *Athrotaxites*　真の球果類で，おそらくナンヨウスギ類に含まれる．間隔が密な鱗片葉が，細い小枝にびったりついている．まるい球果は，先端が明らかな棘になった鱗片葉をもつ．この植物の初期の名称はエキノストロブス属 *Echinostrobus* だった．

(27,28) *Athrotaxites lycopodioides* Unger

アラウカリア属（ナンヨウスギ属）*Araucaria*　この木も石版石石灰岩で発見されている．少数のまれな例外を除いて，個々の球果の鱗片葉だけが発見されている．この稀少性は，分布の中心が，大陸内部のより

(27) アトロタクシテス・リコポディオイデス　ケルハイム産，15 cm，バイエルン州立古生物学博物館（ミュンヘン）

(28) アトロタクシテス・リコポディオイデス（球果），ケルハイム産，1.4 cm，カリオプ博士蔵（レーゲンスブルク）

(26) フルキフォリウム・ロンギフォリウム　ダイティング産，32 cm，ゼンケンベルク自然史博物館（フランクフルト・アム・マイン）

(29) アラウカリア・モレアウニアナ（球果鱗片葉）ダイティング産，2 cm，バイエルン州立古生物学博物館（ミュンヘン）

北方に位置していたことを示唆している．現在，多数のナンヨウスギ類は南半球の至るところに分布している．よく知られているノーフォーク島の「松」（シマナンヨウスギ）はこの古い科のなじみ深い代表者である．

(29-32) *Araucaria moreauniana* Saporta

ブラキフィルム属 *Brachyphyllum*　この植物は，たぶん，ナンヨウスギ類に関係がある．石版石石灰岩で発見された植物化石の大部分はこの属に入るものと同定されている．枝や小枝はらせん状に並んだ，鱗片葉のような密に生えた葉に取り巻かれている．卵型の球果は丈夫な，先の尖った鱗片葉で覆われている．枝の断面は，明らかに枝の中心部分だけが木質化していたことを示している．多くの現生の塩生植物が同様の構造をもっていることから考えると，ブラキフィルム属は塩分を含んだ土壌に繁茂していたと考えられる．これらの植物は潟湖の岸のすぐ近辺に，低木として生長していたらしく，季節的な洪水さえ耐えられた可能性がある．

(33) *Brachyphyllum gracile*
(34-37) *Brachyphyllum nepos* Saporta, 1873
(38) *Brachyphyllum* sp.（球果）

(30) アラウカリア・モレアウニアナ（雄の球果）パインテン産，3 cm，バイエルン州立古生物学博物館（ミュンヘン）

(31) アラウカリア・モレアウニアナ（雌花）ミュールハイム産，3 cm，バイエルン州立古生物学博物館（ミュンヘン）

(32) アラウカリア・モレアウニアナ（雌の球果）ダイティング産，3 cm，バイエルン州立古生物学博物館（ミュンヘン）

(33) ブラキフィルム・グラキレ　ゾルンホーフェン産，20 cm，ジュラ博物館（アイヒシュテット）

26 ● イチョウ類と針葉樹（球果）類

(34) ブラキフィルム・ネポス（小枝をもつ枝） ダイティング産，130 cm，バイエルン州立古生物学博物館（ミュンヘン）

図 34～38 を補完するために，芽のある枝と枝分かれしている断片を示す．

(39, 40) *Brachyphyllum nepos* Saporta, 1873

キパリシディウム属 *Cyparisidium* 小枝と小さな葉は互生して並ぶ．この植物と他との関係はまだ完全にはわかっていないが，キパリシディウム属が針葉樹類に属していることは確かである．稀少．

(41) *Cyparisidium falsanii* (Saporta)

パギオフィルム属 *Pagiophyllum* これもナンヨウスギ類の近縁植物のひとつだが，その鱗片葉は小枝に密

(35) ブラキフィルム・ネポス（小枝） ゾルンホーフェン産，46 cm，個人コレクション

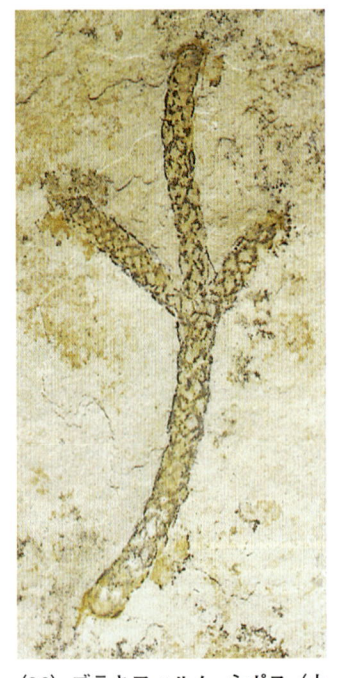

(36) ブラキフィルム・ネポス（小枝の先端） アイヒシュテット産，8 cm，マクスベルク博物館（ゾルンホーフェン）

イチョウ類と針葉樹（球果）類 ● 27

(37) ブラキフィルム・ネポス（虫こぶのある枝？）ダイティング産, 19 cm, ティシュリンガー氏蔵（シュタムハム）

(39) ブラキフィルム・ネポス（芽のついた小枝）ダイティング産, 9 cm, キュムペル氏蔵（ヴッパータール）

(38) ブラキフィルム属の種（球果）ダイティング産, 4.5 cm, バイエルン州立古生物学博物館（ミュンヘン）

(40) ブラキフィルム・ネポス（小枝）ダイティング産, 12 cm, リースクラター博物館（ネルドリンゲン）

着し，ナンヨウスギ類の中では，より大きく，より長い点が目立っている．この植物については，それ以上のことはあまり知られていない．発見されることがまれで，比較する十分な機会が得られていないからである．

(42,43) *Pagiophyllum cirinicum* Saporta

パラエオキパリス属 *Palaeocyparis*　構造的には，この植物は前にあげた植物とかなり似ている．しかし，

少なくともその小枝については，ブラキフィルム属にみられるようならせん状に並んだ鱗片葉を見せていない．ちょっと見たところでは，パラエオキパリス属はある種のイトスギ類（cypress）により似ている．そこで「最初の」とか「昔の」イトスギ類を意味するラテン名が付けられている．ときどき，このふたつの属は合併されるべきだと提唱されてきたが，この問題に対する確かな結論はまだ出ていない．この植物の木部の詳細な研究もまだ果たされていない．しかし，この植

28 ● イチョウ類と針葉樹（球果）類

(41) キパリシディウム・ファルサニイ（小枝） ゾルンホーフェン産, 7 cm, フォン・ヒンケルダイ氏蔵（アイヒシュテット）

(42) パギオフィルム・キリニクム アイヒシュテット産, 15 cm, テイラー博物館（オランダ, ハーレム）

(43) パギオフィルム・キリニクム（葉のある小枝） ケルハイム産, 1.4 cm, カリオプ博士蔵（レーゲンスブルク）

(44) パラエオキパリス・プリンケプス（小枝のある枝） ダイティング産, 40 cm, バイエルン州立古生物学博物館（ミュンヘン）

物も潟湖沿岸に繁茂していたと考えられている．石版石石灰岩で発見された多数の標本がこの仮定に信頼性を与えている．

(44-46) *Palaeocyparis princeps* Saporta

ポドザミテス属 *Podozamites*　ある種のソテツ類に似ていることからこの名称がついた．その名称や葉状の芽にもかかわらず，その後の研究により，この植物が実際は針葉樹類に分類されるべきであることが明らかになった．ポドザミテス属はそのきわめて幅広の「葉」によって，ソテツ類のザミテス属とは明らかに異なっている．

(47) *Podozamites* sp.

同定のできない植物の部分　石版石石灰岩で発見された植物化石が余すところなく記載されているわけではない．新しく発見されたものには同定できないものや，不確かな分類しかできないものも入っている．

(48-55) 未同定の植物や植物部分

未命名の針葉樹類　丈夫な木部と長く伸びた「葉」をもつこの植物は疑いなく針葉樹類である．しかし，正確にはまだ断定できない．これらの植物はゾルンホーフェン層の下にある，ジュラ紀後期の地層でも層序的にはより古い層から出ている．

(56,57) 未命名の針葉樹類

未命名の針葉樹類　一見したところ，パラエオキパリス属のように思えるが，詳細な研究によって，その均斉がまったく同じでないことが明らかになった．すべての形態的な特徴は，パラエオキパリス属に比べる

(45) パラエオキパリス・プリンケプス（小枝）　ダイティング産，30 cm，INTERFOSSコレクション（ミュンヘン）

(46) パラエオキパリス・プリンケプス（小枝の先端）　ダイティング産，4.5 cm，クラウス氏蔵（ヴァイセンブルク）

(47) ポドザミテス属の種　ブルーメンベルク産，12 cm，バイエルン州立古生物学博物館（ミュンヘン）

30 ● イチョウ類と針葉樹（球果）類

(48) 未同定の植物　ダイティング産, 12cm, マクスベルク博物館（ゾルンホーフェン）

(49) 未同定の植物　ホフシュテッテン産, 13cm, ライヒ氏蔵（ボーフム）

(50) 未同定の植物（針葉樹の未同定の葉）ケルハイム産, 1cm, リューデル氏蔵（ミュンヘン）

(51) 針葉樹の未同定の葉　ケルハイム産, 1cm, カリオプ博士蔵（レーゲンスブルク）

(52) 未同定の球果　ダイティング産, 9cm, シュヴァイツァー氏蔵（ランゲンアルトハイム）

(53) 同定できない植物化石　パインテン産, 35cm, テイラー博物館（オランダ, ハーレム）

イチョウ類と針葉樹（球果）類 ● 31

(54) 同定のできない枝　アイヒシュテット産，16 cm，ジュラ博物館（アイヒシュテット）

(56) 未命名の針葉樹類　東部アイヒシュテット産，30 cm，個人コレクション

(57) 未命名の針葉樹類　東部アイヒシュテット産，7 cm，個人コレクション

(55) 同定のできない根茎　ゾルンホーフェン産，20 cm，ライヒ氏蔵（ボーフム）

とよりほっそりし，より小さい．木部の黒い斑点は好奇心をそそる．これらは「休眠中の」芽なのだろうか？
　この枝はジュラ紀後期の地層でも層序的にはより若い層から出たもので，この地層は，いつも予期しない発見の役に立っている．この植物は真の針葉樹類と思われる．
(58) 未命名の針葉樹類

針葉樹類の球果　この球果は目立ってまるい姿をみせている．この球果がどの針葉樹類に属するか，確実には明らかにできなかった．
(59) 針葉樹類の球果

同定のできない植物化石　このような植物化石は繰り返し発見されるが，運の悪いことに，正確な同定に必要とされる疑いようのない形態が欠けている．
(60,61) 同定のできない植物化石

32 ● イチョウ類と針葉樹（球果）類

(58) 未命名の針葉樹類　ランゲンアルトハイム産，7 cm，ティシュリンガー氏蔵（シュタムハム）

(59) 針葉樹類の球果　ダイティング産，2 cm，ティシュリンガー氏蔵（シュタムハム）

(60) 同定のできない植物化石　ダイティング産，1.3 cm，ティシュリンガー氏蔵（シュタムハム）

(61) 同定のできない植物化石　ゾルンホーフェン産，19 cm，ビュルガー氏蔵（バート・ヘルスフェルト）

偽化石：忍ぶ石 Pseudofossils: Dendrites

　植物化石についての論述の結びとして忍ぶ石に触れておく．素人が見ると苔類や他の類縁植物の化石に驚くほど似ているにもかかわらず，忍ぶ石は実際は化石ではない．忍ぶ石は鉱物に富んだ水が岩の狭い割れ目に入り込んで蒸発し，結晶としてその鉱物を残したものである．マンガン分は黒色になり，鉄分は赤褐色になる．対応して，色のついた化石もよく発見され，特に廃石の堆積物中から掘り起こした化石中でみられる．本物の化石が忍ぶ石の石板に入っていたり，化石が忍ぶ石に囲まれていたりする．

　忍ぶ石は非常に魅力的な模様をつくるので，その綿密な研究は化石コレクターが注目する価値はある．時には，全体が「絵」のようになることもある．特に魅力的な石板はときどき時計に加工される．こういったものはきわめて人気があり，忍ぶ石の板は壁材としても重要な役割を果たしている．

　こういった，いわゆる「自然の気まぐれ」も，そのもっている特異な魅力を発揮できるということを再確認する以外，忍ぶ石の繊細な構造についてこれ以上述べる必要はないだろう．

（62,63）忍ぶ石 dendrites

　ある種の忍ぶ石は木のような構造を示すのでリソデンドロン *Lysodendron* とよばれていた．上にあげたような印象はふたつの石板を並べてみると，よりはっきりする．この模様は雄型と雌型で同一の発達を示すからである．リソデンドロンはヤッヘンハウゼン地域だけに見いだされ，他ではみられない点が興味深い．苔状の忍ぶ石はゾルンホーフェン層のあらゆる露頭で見つかるだろう．図62,63で花のような忍ぶ石を示した．このような産状はランゲンアルトハイム地域に限定されている．この地域では，もう何年も化石が出ていない．忍ぶ石の形成はきわめて特殊な法則か環境に依存しているらしい．

（64）"*Lysodendron*" Mäuser, 1982

(62) 忍ぶ石　シュヴァイツァー氏蔵（ランゲンアルトハイム）

(63) 忍ぶ石　シュヴァイツァー氏蔵（ランゲンアルトハイム）

34 ● 偽化石：忍ぶ石

(64)「リソデンドロン」 ヤッヘンハウゼン産, 40cm, ティシュリンガー氏蔵（シュタムハム）

動物 Animals

　植物化石のきわめて少ないことと対照的に，石版石石灰岩は動物化石を豊富に産出している．水生の動物が特によい代表である．陸生の動物も，期待する以上に，より豊富に発見されている．ひとつの事実が私たちを驚かせつづけている．この時代，恐竜類の進化はかなり進んでいたが，ネコ大のコムプソグナトゥス属 *Compsognathus* の唯一の標本を除くと，これらの爬虫類の痕跡は石版石石灰岩では発見されていないという事実である．もし乾いた陸上での生物が，少なくとも，海中の生物と同じくらい多様であったとすれば，恐竜がたまたま潟湖に迷い込んだこともあると期待しても当然だろう．

　しかし，潟湖近辺の生活条件は「魅力的な」と評せるようなものではなかったようである．陸生動物相のすべての化石は飛行生物，つまり，昆虫類，翼竜類，そして有名なアルカエオプテリクス（始祖鳥）の化石である．より小型のトカゲ類は確かに洪水で潟湖へ押し流された．より大型の類縁動物には身に降りかかる可能性が低かった運命である．

ジュラ紀
アウグスタとブライアン Augusta and Burian による共作

バムベルク自然史博物館のジオラマ
ジュラ紀海洋の景観

無脊椎動物 Invertebrates

　動物界の最初の大きな部門，無脊椎動物はすでに驚くほど豊かで多様な型を提供している．脊椎動物相（II巻で取り上げる）の2倍以上の無脊椎動物化石が知られている．甲殻類と昆虫類が最大の割合を占めていた．単細胞動物はここでは考えない．

海綿動物 Sponges

　海綿動物 Porifera は莫大な数がいたはずで，潟湖の海綿礁の巨大な拡がりから考えると，少くとも豊富だったはずである．それにもかかわらず，よい保存状態の標本が掘り出されるのはまれである．その体の構造が原因で，海綿動物が化石として保存されるには，あまりに速く分解しすぎたのだろう．海綿動物の骨片は，しばしば酸性液を利用して取り出すことができる．つまり周囲の石灰岩の母岩を溶かすのである．保存状態のよい属としては，下記のものだけが知られている．

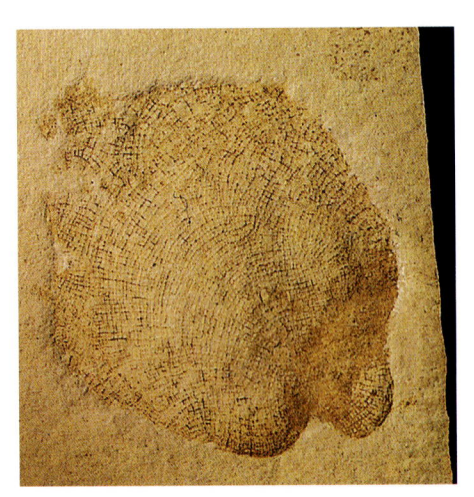

　アンモネラ属 *Ammonella*　二酸化珪素の骨片で構成された規則的な網状構造をもつ．
(65) *Ammonella quadrata* Walther, 1904

　ネウロポラ属 *Neuropora*　ひと目見たときはある種のサンゴ類と見誤るかもしれない．その外見にかかわらず，ネウロポラ属は真の海綿動物であり，二酸化珪素の骨片とともに，カルシウムの骨格も発達させている．
(66) *Neuropora* sp.

　トレマディクティオン属 *Tremadictyon*　この杯形の海綿動物には幅広の基部があり，この基部で底質に固着している．支持骨格は融合した毛状の骨針の網目構

(65) アンモネラ・クアドラタ　ゾルンホーフェン産，6 cm, 市立ミュラー博物館（ゾルンホーフェン）

(66) ネウロポラ属の種　プファルツパイント産，3 cm, ライヒ氏蔵（ボーフム）

(67) トレマディクティオン属の種　カフェルベルク産，14 cm, バイエルン州立古生物学博物館（ミュンヘン）

造で形成されている．ここに示した2番目の標本は，おそらく同じ属の異なる種を表している．

(67,68) *Tremadictyon* sp.

(68) トレマディクティオン属の種　アイヒシュテット産，7.5 cm，シェーファー氏蔵（キール）

腔腸動物 Coelenterates

　このような名称がつけられたのは，これらの動物の顕著な区別上の特徴が，その体内にある大きな中空の空間だからである．この中空の内部は2層の体壁に囲まれている．口器には食物の摂取，および消化できない排泄物の排出というふたつの役割があった．これらの動物の大部分は先端に刺胞のある付属肢を発展させ，これで獲物を気絶させ，捕らえていた．

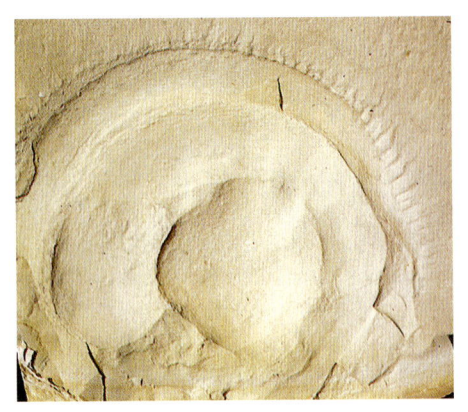

クラゲ類 Medusas

　クラゲ類と鉢虫類は腔腸動物である．その体は98%まで水分でできていることがある．このような，ほとんど「体がない」に近い生物が化石として保存されることは不可能だと思うかもしれないが，石版石石灰岩には多くのすばらしい標本が保存されている．その多くがプファルツパイント近辺で発見されている．クラゲ類は他の採石場でも発見されてはいるが，プファルツパイント産のものほど一般的でもないし，保存状態もよくない．

　もうひとつの難点にも触れる必要がある．同一種の化石でも，堆積し埋没した時点で，その動物の筋肉が縮んでいたか伸びていたかで，まったく異なって見えることがある．この問題は，クラゲ類自体の保存がしばしば貧弱なこととも相まって，分類を困難にしている．戦争中に多くの完模式標本が失われ，破壊され，その発見は，まず期待できない．以下の属についてみていく．

(69) カンノストミテス・ムルティキルラトゥス　プファルツパイント産，18cm，ジュラ博物館（アイヒシュテット）

(70) エピフィリナ・ディスティンクタ　プファルツパイント産，7cm，ジュラ博物館（アイヒシュテット）

　カンノストミテス属 Cannostomites　このクラゲは直径25cmにも達することがある．短い触手が縁弁の間に認められる．中央部は円形で，その縁寄りに幅広の帯が走っている．きわめて稀少．
(69) *Cannostomites multicirratus* Maas, 1902

　エピフィリナ属 Epiphyllina　直径約15cmの非常に小さなクラゲ．傘縁と外縁は交互に16の領域に分かれている．触手は12本．稀少．
(70) *Epiphyllina distincta* Kieslinger, 1939

　エウリトタ属 Eulithota　直径約6cmの小さなクラゲ．耳たぶ状の縁弁がある．触手12本．きわめて稀少．
(71) *Eulithota fasciculata* Haeckel, 1869

　レプトブラキテス属 Leptobrachites　このクラゲの直径は平均20cm．触手はない．長くて，狭い口器をもつ．稀少．
(72) *Leptobrachites trigonobrachius* Haeckel, 1869

　クワドリメドゥシナ属 Quadrimedusina　直径約8cm

腔腸動物 ● 41

(71) エウリトタ・ファスキクラタ　ケルハイム産，5.6 cm，カリオプ博士蔵（レーゲンスブルク）

(72) レプトブラキテス・トリゴノブラキウス　ゾルンホーフェン産，15 cm，クラウス氏蔵（ヴァイセンブルク）

(73) 未同定のクラゲ類　ゾルンホーフェン産，20 cm，ビュルガー氏蔵（バート・ヘルスフェルト）

の小さなクラゲ．傘はまるみを帯びた四角．輪状の溝の中に窓のような模様がある．稀少．

　図73は以前，クワドリメドゥシナ属とみられていた．図74が，この数少ない稀少な種に真に属していることを願っている．

(73) 未同定のクラゲ類
(74) *Quadrimedusina quadrata*?（Haeckel, 1869）

リゾストミテス属 *Rhizostomites*　これは最も普通にみられ，一般に保存状態の最もよいクラゲである．傘の直径は最高50 cmになる．この動物が保存されそうな各種の様相は徹底的に研究されてきた．リゾストミテス属の化石は，通常，筋の弛緩状態で保存されている．筋が緊張した状態の標本ではしばしば羽毛状の形になり，この化石は以前はミオグランマ属

(74) クワドリメドゥシナ・クアドラタ？　ゾルンホーフェン産，7 cm，カスツメカート氏蔵（ゾルンホーフェン）

(75) リゾストミテス・アドミランドゥス　プファルツパイント産，25 cm，マクスベルク博物館（ゾルンホーフェン）

(76) リゾストミテス・アドミランドゥス［以前はミオグランマ属とされた］　プファルツパイント産，13 cm，ライヒ氏蔵（ボーフム）

(77) リゾストミテス・アドミランドゥス（下傘面）　プファルツパイント産，10 cm，ライヒ氏蔵（ボーフム）

Myogramma として記載されていた．下傘面の印象も存在する．帯状構造が縁の方へ達する．エフィロプシテス属 *Ephilopsites* という名称は上傘面部分の印象に対してつけられている．最高の産地はすでに枯渇している．

(75-77) *Rhizostomites admirandus* Haeckel, 1866

セマエオストミテス属 *Semaeostomites*　直径約 15 cm の小さなクラゲ．傘の縁には多数の弁葉の間から触手が伸びている．4本のきわめて長い口腕がある．稀少．

(78) *Semaeostomites zitteli* Haeckel, 1874

(78) セマエオストミテス・チッテリ　プファルツパイント産，16 cm，バイエルン州立古生物学博物館（ミュンヘン）

未命名のクラゲ　完全に形成された傘と目立った触手をもつより小型のクラゲ．不運なことに，識別上の

腔腸動物 43

特徴は傘の下に隠れている．埋没状況は「自然状態」での側面を示している．よりよい標本はどこにもないらしい．
(79) 未命名のクラゲ

同定のできないクラゲ類　クラゲ類は常に個々の詳細が認められるほどよい状態で保存されているとは限らない．しばしば「溶解した」生物体の化石として発見されるが，これらは不明瞭すぎて，ある特定の属とか，別属になるとか，確実な同定はできない．

(80)「溶解した」クラゲ

未同定のクラゲ類　既知のタクソンに位置づけられず，暫定的に未同定としておく．
(81) 未同定のクラゲ類

未命名のクラゲ類　このクラゲはその興味深い保存状態で注目される．明らかに肉眼でみられる付属肢は，その本来の形状の触手かもしれない．
(82) 未命名のクラゲ類

(79) 未命名のクラゲ（側面）　ヴィンタースホーフ産，18 cm，カリオプ博士蔵（レーゲンスブルク）

(81) 未同定のクラゲ類　アイヒシュテット産，6.5 cm，クラウゼ氏蔵（シッファーシュタット）

(80)「溶解した」クラゲ　ゾルンホーフェン産，27 cm，市立ミュラー博物館（ゾルンホーフェン）

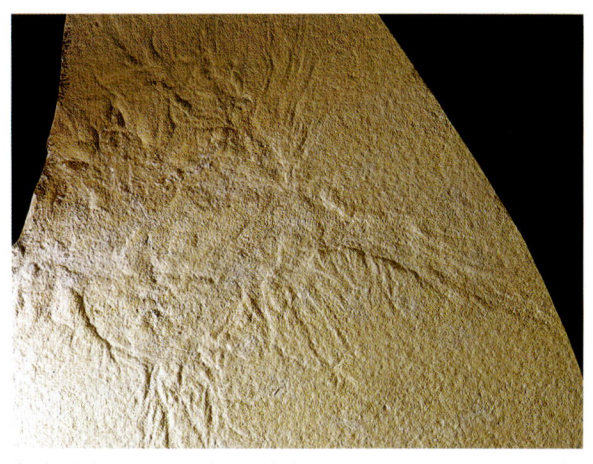

(82) 未命名のクラゲ類で，触手をもつ？　アイヒシュテット産，29 cm，ティシュリンガー氏蔵（シュタムハム）

ヒドロ虫類 Hydrozoans

クラゲ類と違って，ヒドロ虫類の生活環はふたつの世代に分けられる．固着するポリプ相と自由遊泳するクラゲ相である．ヒドロ虫類の体腔は再分割されていた痕跡はない．そのクラゲ相の期間，ヒドロ虫類はその傘の下面縁に，いわゆる「帆」をもっている．この帆は運動器官で，真のクラゲ類にはこのような帆はない．この動物グループの他の型では，硬クラゲ類 Trachylinida が言及に値する．硬クラゲ類の触手は傘の縁沿いというよりは（真のクラゲ類の場合である），傘の上面にある．石版石石灰岩で発見されている少数のヒドロ虫類は，この硬クラゲ類に属している．

アカレファ属 *Acalepha* 直径は 7〜25 cm になる．小さな中心部と 8 つの放射状の区画が，中央部のバラの花状のロゼットを構成している．口肢を欠き，触手は発見されていない．

(83) *Acalepha deperdita* Beyrich, 1849

アクラスペディテス属 *Acraspedites* 直径は 20 cm になることがある．傘の内側は二重の狭い環になっており，8 区画に分かれている．外側のふたつの環は平滑である．触手はまだ発見されていない．

(84) *Acraspedites antiquus*（Haeckel, 1865）

ヒドロクラスペドータ属 *Hydrocraspedota* 直径は 10〜20 cm になる．傘には全縁に縁膜がある．傘中央部の口器は四角い．他のヒドロ虫類の化石の場合と同様，触手は発見されていない．

(85) *Hydrocraspedota mayri* Kolb, 1951

「メドゥシテス」属 *"Medusites"* この小さなヒドロ虫類は分類体系の中では明確な位置がない．内環上の

(83) アカレファ・デペルディタ　アイヒシュテット産，7 cm，クラウス氏蔵（ヴァイセンブルク）

(85) ヒドロクラスペドータ・マイリ　ホフシュテッテン産，17 cm，カリオプ博士蔵（レーゲンスブルク）

(84) アクラスペディテス・アンティクウス　アイヒシュテット産，6 cm，ジュラ博物館（アイヒシュテット）

(86) 「メドゥシテス」・ビキンクタ　ヴィンタースホーフ産，4.5 cm，ルドヴィヒ氏蔵（シュトゥットガルト）

明らかな十字型が分類上の特徴として役に立っている.

(86) *"Medusites" bicincta* Haeckel, 1874

未命名のヒドロ虫類 図86の「メドゥシテス」・ビキンクタという標本と同じものかもしれない．もしこの想定が正しいとすれば，ここに示した標本は保存状態がよりよく，数本の触手さえみられる.

(87) 未命名のヒドロ虫類

未命名のヒドロ虫類 環状の傘縁と盆状の内部構造の明瞭な痕跡．触手はない.

(88) 未命名のヒドロ虫類

(87) 未命名のヒドロ虫類　ヴィンタースホーフ産，7cm，ヴルフ氏蔵（レーデルゼー）

(88) 未命名のヒドロ虫類　アイヒシュテット産，6cm，ベルゲル博物館（ハルトホーフ）

花虫類 Anthozoa

　いろいろな生物がある中で，サンゴ類は花虫類に属する．礁を形成したので，サンゴ類はきわめて多かったに違いない．これらの動物類，というよりはこの動物の群体は礁に定着していたので，潟湖の水中へ押し流されることはめったになかった．最もひどい嵐でさえ，サンゴ類を移動させることはほとんどできなかった．しかし，太陽のような形の，有名な「プロブレマティクム」"Problematicum" を含む少数の孤立した標本も発見されている．現在の分類ではこの動物は八放サンゴ類に含まれている．ウミウチワ類に似た他の標本も発見されている．

　下記の標本はまだ記載されていないため，それらの特徴をあげることは省略する．

（89）扇形のサンゴ類
（90）八放サンゴ類

（89）扇形のサンゴ類　アイヒシュテット産，28 cm，フリックヒンガー氏蔵（ミュンヘン）

（90）八放サンゴ類　ランゲンアルトハイム産，35 cm，ジュラ博物館（アイヒシュテット）

触手動物 Tentaculata

　少数の例外はあるが，触手動物にみられるのは，その全生活環を単一の底質に定着して過ごす動物だけである．これらの動物は口のまわりに花輪のような触手を発達させた．これらの触手は懸濁物食に使われる．殻，または群体の骨格はこれらの動物の防衛に役立っている．

腕足動物 Brachiopods

　腕足類は触手動物の最も重要なグループである．ちょっとみただけでは二枚貝類と見誤られるかもしれない．少数の標本を除いて，多くのものは2枚の貝殻に囲まれた，触手と体腔内諸器官をもつ着生性の生物体である．2枚の殻はお互いに可動で，通常，上殻と下殻とよばれる．この動物は筋肉質の茎状部，肉茎で適当な底質に付着している．通常，腕足類はジュラ紀の堆積物中に豊富に出るが，石版石石灰岩ではきわめてまれである．腕足類はまれなだけではなく，同定もきわめて難しい．識別上の特徴が殻の内部に隠されていることが多いことによる．ここではふたつの型を取り上げる．平滑な殻をもつテレブラチュラ類 Terebratula と溝のあるリンコネラ類 Rhynchonella である．不運なことに，ここで見いだされる少数の腕足類はほとんどの部分が押しつぶされているか，そうでなければ保存状態が悪い．他の属も確かに存在するが，以下4属をあげるに留める．

　ロボイドツィリス属 *Loboidothyris*　ここでは，大部分のテレブラチュラ類のような平滑な殻の属を取り扱うことにする．事実，この属は以前は「テレブラチュラ」属 "*Terebratula*" とよばれていた．一見して種を区別するには形のうえでの違いを観察するしかない．たとえば，あるものは外殻がより円形であり，別のものはより卵形であるといったことである．

　(91) *Loboidothyris* (?) sp.
　(92,93) "*Terebratula*" sp.

　セプタリフォリア属 *Septaliphoria*　この属は肋のあ

(91) ロボイドツィリス属の種？　アイヒシュテット産，2cm，シェーファー氏蔵（キール）

(92) 「テレブラチュラ」属の種　アイヒシュテット産，1.3cm，ルドヴィヒ氏蔵（シュトゥットガルト）

(93) 「テレブラチュラ」属の種　アイヒシュテット産，5.5cm，ヒンケルダイ氏蔵（アイヒシュテット）

る殻をもっている．その殻の半分は上方に反り，残り半分は下側に反る．

(94) *Septaliphoria* sp.

ラクノセラ属 *Lacunosella* 肋のある殻をもつ別の属で，対称的な殻がある．これまで見落とされていたり，十分に研究されていない他の属も存在すると思う．

(95) *Lacunosella* (?) sp.

リンギュラ属 *Lingula* これらの小さな腕足類はゾルンホーフェン層ではきわめて少なく，端正な卵形を呈し，明瞭な特色のある殻層があり，幾重にも重なった彫刻がある．

(96) *Lingula* sp.

「リンコネラ」属 "*Rhynchonella*" 図 97 と図 98 とはかなり異なっており，図 97 の方が大型であることが主な差異である．

(97, 98)「リンコネラ」属 "*Rhynchonella*" sp.

(94) セプタリフォリア属の種　アイヒシュテット産，ゾルンホーフェン，2.4 cm，ゼンケンベルク自然史博物館（フランクフルト・アム・マイン）

(95) ラクノセラ属（?）の種　ツァント産，0.8 cm，シェーファー氏蔵（キール）

(96) リンギュラ属の種　メルンスハイム産，1.5 cm，ビュルガー氏蔵（バート・ヘルスフェルト）

(97)「リンコネラ」属の種　ツァント産，3.5 cm，ビュルガー氏蔵（バート・ヘルスフェルト）

(98)「リンコネラ」属の種　カフェルベルク産，1.5 cm，バイエルン州立古生物学博物館（ミュンヘン）

コケムシ類 Bryozoans

広範に拡がった無脊椎動物のグループに属し，主に海中で生息していたし，今も生息しているが，時に淡水に入り込んだこともある．コケムシ類は数千の個体が群体を構成して産出することがきわめて多い．しかし，孤立種も知られている．これらの殻は方解石からなっており，礁の形成にあたってそれなりの重要性をもっている．コケムシ類は浮遊生物，特に藻類を餌にしているが，植物類や動物質の有機堆積物も摂取する．採餌に使われる小さな触手の配列には，花々を思わせるものがある．これらの小さな生物は，カンブリア紀以来，化石として知られている．

未命名のコケムシ類 このような生物体はゾルンホーフェン層からも知られている．保存されているのは小さな虫室ぐらいで，虫室から触手冠を出し，危険に際してその中に引っ込めていただろう．このような微小化石はほとんどが見落とされる．
(99) 未命名のコケムシ類

(99) 未命名のコケムシ類 ブライテンヒル産，0.8 cm，ヴルフ氏（レーデルゼー）

軟体動物 Molluscs

　軟体動物 Mollusca は動物界で最も多様化した門のひとつになる．その多様性を上回るのは節足動物だけである．「軟体」という名称は軟体動物の体がまったく軟部だけで構成されている事実からきている．通常，炭酸カルシウムの殻が動物体の軟部を保護しているが，一部の属では二次的に殻のない生活を選択しているものもある．

巻貝類 Gastropods

　巻貝類（腹足類 Gastropoda）は，二枚貝類（斧足類 Palecypoda），頭足類（Cephalopoda）と同様に，軟体動物のメンバーである．巻貝類はこの門の中で最大の種数に発展した．

　最も原始的な巻貝類の殻は碗状だった．この本来の殻から，後の巻貝類はらせん状で円錐状の殻を発達させたが，殻の内部は（ある種の頭足類の場合と同じような）複数の室に分かれていない．巻貝類は顎のようなものをまったく発達させなかったが，腹足類には一般的に粗く，やすり状の歯舌がある．この動物の軟体部は頭と足と内蔵嚢からなり，石版石石灰岩では少数の異なった属しか発見されていない．

　アポルライス属 *Aporrhais*　翼足類の一種で，尖った殻と狭まった開口部をもっている．厚い突起がひとつ，細い棘状の突起が7本ある．

（100）*Aporrhais* sp.

　クフォソレヌス属 *Cuphosolenus*　翼足類に属している．塔状の先の尖った殻は幅広の螺層からできている．厚く棘状の突起が決定的な特徴のひとつである．

（101）*Cuphosolenus* sp.

　ディクロロマ属 *Dicroloma*　塔状の先の尖った殻に一対の長い付属体があるので，いわゆる翼足類になる．この動物は海底の浅いところに埋まって住んでいる．

（102）*Dicroloma* sp.

（101）クフォソレヌス属の種　ヴォルケルツェル産，7cm，クシェ氏蔵（ハイデモール）

（100）アポルライス属の種　ケルハイム産，1.4cm，カリオプ博士蔵（レーゲンスブルク）

（102）ディクロロマ属の種　ランゲンアルトハイム産，3cm，ルドヴィヒ氏蔵（シュトゥットガルト）

ディトレマリア属 *Ditremaria*　比較的に扁平で，鋭い縁のある塔状の殻の巻貝類で，最初の螺層の上面に第二の開口部がある．最近，トロコトマ属 *Trochotoma* に再分類された．

（103）*Ditremaria* sp.

図103の図版では円錐状の殻頂を欠いているが，この標本は完全である．

（104）*Ditremaria* sp.

グロブラリア属 *Globularia*　この巻貝類は幅広の開口部のある球状の殻をもっている．捕食性巻貝の一員である．

（105）*Globularia*（?）sp.

ギムノケリティウム属 *Gymnocerithium*　螺層の規則的な分かれ目がよくわかる，細く高い塔状で先の尖った殻をもつ．

（106）*Gymnocerithium* sp.

ネリトプシス属 *Neritopsis*　小さな巻貝類で，殻は真珠の首飾りに似た模様で装われている．

（107）*Neritopsis* sp.

パテラ属 *Patella*　皿状で肋のある殻をもつカサガイ類 Limpet である．

（108）*Patella* sp.

リッセロイデア属 *Risselloidea*　錐状の殻をもつ小さな巻貝類で，まるみのある螺層がある．軸面に沿った畝と波状のぎざぎざの痕跡が認められる．この標本は保存が不完全なため，この種名は確定できない．こ

（103）ディトレマリア属の種　ケルハイム産，**1.9 cm**，カリオプ博士蔵（レーゲンスブルク）

（104）ディトレマリア属の種　ツァント産，**1.5 cm**，ビュルガー氏蔵（バート・ヘルスフェルト）

（105）グロブラリア属（?）の種　ツァント産，**1 cm**，シェーファー氏蔵（キール）

（106）ギムノケリティウム属の種　ケルハイム産，**2 cm**，テイラー博物館（オランダ，ハーレム）

（107）ネリトプシス属の種　ツァント産，**0.8 cm**，リューデル氏蔵（ミュンヘン）

（108）パテラ属の種　メルンスハイム産，**0.5 cm**，バイエルン州立古生物学博物館（ミュンヘン）

の巻貝類は，以前は石版石石灰岩からは記載されていなかった．

（109）*Risselloidea*（?）sp.

リッソア属 *Rissoa* 殻の高さが数 mm にしか達しない，特に小型の巻貝類である．その殻はほっそりとした塔状で，6〜8の螺層で構成されている．

（110）*Rissoa* sp.

スピニゲラ属 *Spinigera* 高く塔状の殻と，拡がり，いくぶんふくらみのある開口部をもつ小型の巻貝類である．個々の螺層には2本の長い棘があり，この貝が軟質の海底に深く沈み込みすぎることを防いでいる．この標本のほかにふたつの標本がある．この標本より著しく小さく，もしかすると幼体かもしれない．

（111）*Spinigera spinosa* Goldfuss

（112）*Spinigera* sp.

未命名の塔状巻貝類 このほっそりとした殻は，鈍い錐状の殻頂をもっている．規則的で狭い螺層は，多少大きめの開口部かららせん状に巻き上がっている．

（113）未命名の塔状巻貝類

未命名の塔状巻貝類 非常に幅が狭く塔状の殻で，その殻頂で鋭くなる．幅の狭い螺層は開口部に向かってわずかに広くなっている．

（114）未命名の塔状巻貝類

（109）リッセロイデア属（?）の種　ブライテンヒル産，1.2 cm，ポルツ氏蔵（ガイゼンハイム）

（110）リッソア属の種　プファルツパイント産，0.5 cm，ティシュリンガー氏蔵（シュタムハム）

（111）スピニゲラ・スピノサ　ケルハイム産，1.2 cm，テイラー博物館（オランダ，ハーレム）

（112）スピニゲラ属の種　アイヒシュテット産，1 cm，ビュルガー氏蔵（バート・ヘルスフェルト）

（113）未命名の塔状巻貝類　アイヒシュテット産，1.5 cm，ベルゲル博物館（ハルトホーフ）

（114）未命名の塔状巻貝類　アイヒシュテット産，1.5 cm，ヒンケルダイ氏蔵（アイヒシュテット）

軟体動物 53

二枚貝類 Bivalves

　二枚貝類は斧足類 Pelecypoda ともよばれ，蝶番で結合した2枚の殻をもっている．この殻はこの動物の軟体部を包み込み，左右の殻とよばれている．軟らかく斧状の運動用の足が，両殻の間から伸びる．一部の種類では，蛋白質に富んだ毛状物を分泌する腺が，この斧足の基部にある．この分泌物は「足糸」とよばれ，二枚貝類が底質に付着するのを助け，ほかの場所に移動できるように離すこともできる．しかし，一部の二枚貝類は生活期間のすべてを同じ場所にしっかり固着して過ごす．カキ類はこのような固着性斧足類の一例である．多くの二枚貝類は泥の中に埋もれて暮らし，その堆積物中を前方に掘り進むことで移動している．

　二枚貝類は，石版石石灰岩ではむしろまれである．最も一般的なものは底質に着生し，その後，その固着部ごと潟湖中に押し流された．これは特にカキ類にあてはまり，カキ類の多くは海藻類やアンモナイト類の殻に着生した．少数の属が記載されている．

　アノミア属 Anomia　恒常的に足糸で固着している二枚貝類で，その右殻には足糸の繊維が突き出るための隙間が開いている．このつくりによって，この動物は底質に付くことができる．例示した標本はアンモナイトの殻に付着している．

(115) Anomia sp.

　アルコミティルス属 Arcomytilus　先細りしたくさび状の殻をもつ二枚貝類である．通常，足糸繊維を使って，固い底質に殻の縁の方で固着する．

(116) Arcomytilus sp.

　アスタルテ属 Astarte　まるみを帯びた三角形の殻をもつ穴居性の二枚貝類で，特徴的な同心円状の条をもっている．

(117) Astarte sp.

(115) アノミア属の種　アイヒシュテット産，6 cm，ユマ氏蔵（グンゴルディング）

(116) アルコミティルス属の種　アイヒシュテット産，2 cm，ティシュリンガー氏蔵（シュタムハム）

(117) アスタルテ属の種　ケルハイム産，0.5 cm，カリオプ博士蔵（レーゲンスブルク）

(118) ブキア属の種　ゾルンホーフェン産，0.5 cm，バイエルン州立古生物学博物館（ミュンヘン）

(119) 「カルディウム」属の種　メルンスハイム産，0.8 cm，ビュルガー氏蔵（バート・ヘルスフェルト）

(120) クラミス属の種　ヘンヒュル産，2.3 cm，ライヒ氏蔵（ボーフム）

ブキア属 *Buchia* 平滑で，非対称な卵形の殻をもつ小型二枚貝類で，以前はアウセラ属 *Aucella* の名で知られていた．

(118) *Buchia* sp.

「カルディウム」属 *"Cardium"* 分岐する肋によって飾られた殻をもつ小さな二枚貝類．カルディウム属はジュラ紀の地層からは産出しないとされているが，この化石には類似点がある．

(119) *"Cardium"* sp.

クラミス属 *Chlamys* 小さな二枚貝類で，下方に向かって放射状に伸びる繊細な肋がある．

(120) *Chlamys* sp.

エントリウム属 *Entolium* まるみを帯び，ほぼ平滑な殻をもつ小型二枚貝類である．

(121) *Entolium* sp.

エオペクテン属 *Eopecten* 中くらいの大きさの二枚貝類．多少ともまるみがある．右殻はふくらむ．肋は，狭く尖った殻頂に向かって集中している．両側に「耳」とよばれる特徴的な翼状部がある．この動物はその殻を突然閉じることで，短距離を「泳ぐ」ことができる．

(122,123) *Eopecten subtilis*（Boehm）

ゲルヴィリア属 *Gervillia* 中くらいの大きさで，長くわずかに湾曲した殻をもつ二枚貝類で，堆積物中に穴を掘ってすむ．ゲルヴィレイア属 *Gervilleia* ともよばれている．

(124) *Gervillia striata*

イノセラムス属 *Inoceramus* 卵形もしくは台形の二枚貝類で，多少とも規則的な肋のある殻をもっている．

(125) *Inoceramus* sp.

リマ属 *Lima* ふくらみがあり，非対称で卵形の二枚貝類で，殻には繊細な放射状の肋がある．写真には左殻を示す．

(126) *Lima*（*Plagiostoma*）*phillipsi* D'Orbigny, 1845

(121) エントリウム属の種　ツァント産，1 cm，シェーファー氏蔵（キール）

(122) エオペクテン・スブティリス（上面）　アイヒシュテット産，4 cm，シュヴァイツァー氏蔵（ランゲンアルトハイム）

(123) エオペクテン・スブティリス（下面）　ランゲンアルトハイム産，2 cm，ジュラ博物館（アイヒシュテット）

(124) ゲルヴィリア・ストリアタ　ゾルンホーフェン産，5 cm，ティシュリンガー氏蔵（シュタムハム）

(125) イノセラムス属の種　シェルンフェルト産，3.5 cm，ジュラ博物館（アイヒシュテット）

軟体動物 55

リオストレア属 *Liostrea*　石版石石灰岩で最もよくみられる二枚貝類である．まるみを帯びた卵形で不規則な殻は，しばしば，アンモナイト類や藻類に着生して発見される．大きさの多様な個体が発見されているが，この大きさの違いが異なった種を表すのか，単一種の生活史における異なった段階を表すのかを決めるためには，よりいっそうの研究が必要である．何が原因にしても，リオストレア属は1cmより小さくもなるし，20cmにも，それ以上にも大きくなりうる．しばしばオストレア *Ostrea* という名でも知られている．

(127-129) *Liostrea socialis*（Münster）

フォラドミア属 *Pholadomya*　著しく先細りした縁をもつ二枚貝類で，右殻には畝があり，それと交差して碁盤目をつくる目立った横条がある．

(130) *Pholadomya* sp.

(126) リマ（プラギオストマ）・フィリップシ　ケルハイム産，3cm，シェーファー氏蔵（キール）

(127) リオストレア・ソキアリス（コロニー）　アイヒシュテット産，11cm，クラウス氏蔵（ヴァイセンブルク）

(128) リオストレア・ソキアリス（孵化）　アイヒシュテット産，テイラー博物館（オランダ，ハーレム）

(129) リオストレア・ソキアリス（大きなカキについたコロニー）　メルンスハイム産，18cm，ジュラ博物館（アイヒシュテット）

(130) フォラドミア属の種　ケルハイム産，3.5cm，テイラー博物館（オランダ，ハーレム）

ピンナ属 *Pinna*　このV字形の生物は堆積物中にその尖った殻頂を突っ込んでいる．石版石石灰岩ではきわめてまれに産する．

(131) *Pinna* sp.

ポシドニア属 *Posidonia*　円形の殻と盛り上がった共心円状の肋をもつ小型の二枚貝類である．この名称は，本来は総括的なよび名である．

(132) "*Posidonia*" sp.

ソレミア属 *Solemya*　薄く，もろく，長卵形の相称の殻をもつ．表面は平滑で，この動物は砂泥中に巣穴をつくり住んでいた．

(133) *Solemya* sp.

スポンディロペクテン属 *Spondylopecten*　繊細な肋をもつ小型・円形の殻．

(134) *Spondylopecten* sp.

未命名の二枚貝類　円形でふくらみのある凸面の殻をもつ．一方の側に小さな翼状部がみられる．この二枚貝類はイタヤガイ類に類縁かもしれない．

(135) 未命名の二枚貝類

未命名の二枚貝類　ちょっとみたときは現生の二枚貝類のウミギク属 *Spondylus* を想起するかもしれないが，棘のようにみえるものは実際は殻の上の単なる畝であるかもしれない．この二枚貝類もイタヤガイ類に

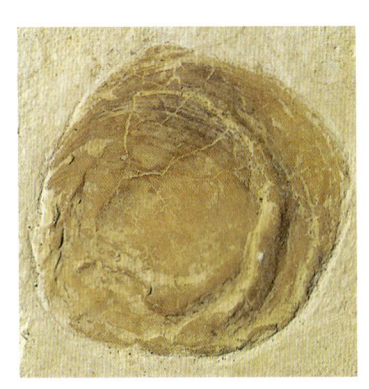

(131) ピンナ属の種　ケルハイム産，4cm，テイラー博物館（オランダ，ハーレム）

(132) 「ポシドニア」属の種　ダイティング産，3cm，バイエルン州立古生物学博物館（ミュンヘン）

(133) ソレミア属の種　プファルツパイント産，1cm，ライヒ氏蔵（ボーフム）

(134) スポンディロペクテン属の種　ツァント産，1.3cm，カリオプ博士蔵（レーゲンスブルク）

(135) 未命名の二枚貝類　アイヒシュテット産，3.7cm，ライヒ氏蔵（ボーフム）

(136) 未命名の二枚貝類　ツァント産，1.2cm，シェーファー氏蔵（キール）

類縁かもしれない．
（136）未命名の二枚貝類

未命名の二枚貝類　幅広の卵形の殻をもち，翼状部の痕跡がある．肋は繊細．おそらく足糸を出すリマ属 *Lima* に近縁だろう．
（137）未命名の二枚貝類

未命名の二枚貝類　幅の狭い卵形の殻をもち，顕著な細かい条線がある．おそらくこの二枚貝類はリマ属の類縁に含められるべきであろう．
（138）未命名の二枚貝類

未命名の二枚貝類　幅広の卵形の殻をもち，肋が著しい．肋は顕著で，その間には細かな条線がある．
（139）未命名の二枚貝類

未命名の二枚貝類　先の尖った卵形の殻をもち，殻の下部に縦方向の肋がある．殻上部の肋は著しく弱い．
（140）未命名の二枚貝類

未命名の二枚貝類　この標本はほぼ円形の殻をもっている．前縁には深い溝がみられるが，次第に浅くなっていく．反対側ではふたつのいぼ状の塊が目を引く．明らかに殻の蝶番を覆っている．
（141）未命名の二枚貝類

（137）未命名の二枚貝類　ツァント産，2.8 cm，シェーファー氏蔵（キール）

（138）未命名の二枚貝類　ケルハイム産，4.2 cm，カリオプ博士蔵（レーゲンスブルク）

（139）未命名の二枚貝類　カルミュンツ産，1.6 cm，カリオプ博士蔵（レーゲンスブルク）

（140）未命名の二枚貝類　シュランデルン産，3 cm，ヴルフ氏蔵（レーデルゼー）

（141）未命名の二枚貝類　ブライテンヒル産，4 cm，レシュ氏蔵（クラウスタル・ツェラーフェルト）

頭足類 Cephalopods

頭足類はオウムガイ類，アンモナイト類，ベレムナイト類，そして真のイカ類を含む．最初の2グループは硬い殻をもっているため，「有殻イカ類」という名前を与えられている．この外側の殻は室に分かれており，動物が住んでいる最後の室は体房とよばれている．個々の室には浮力のための気体が充満している．

進歩したイカ類では，室に分かれた殻の遺物は甲だけで，その進化のもとになった室に分かれた骨組みとはほとんど類似点がない．このように，イカ類は移動性を高めるため，その外殻を一種の内骨格に変化させてきた．

オウムガイ類 Nautiloids

これらの動物は「真珠のようなオウムガイ」としても知られ，長い進化の歴史をもつ．最も初期の祖先はオルドビス紀まで，あるいはより古い時代まで追跡できるだろう．少数のオウムガイ類は，現在もまだ生き残っている．これらの現生種には南太平洋にすむオウムガイ属 *Nautilus* がいる．このオウムガイの近縁者は石版石石灰岩ではきわめてまれである．発見されても，通常，保存状態が非常によくないので，細部の識別はほとんどできない．ふたつの属がここで発見されている．

プセウドアガニデス属 *Pseudaganides*　平滑な殻は密巻きの螺層をもつが，比較的に小型にとどまっている．その外側は扁平だったようである．
（142）*Pseudaganides franconicus* Oppel

プセウドナウティルス属 *Pseudonautilus* sp.　この属はメルンスハイム層から出たもので，層位学的にはゾルンホーフェン層よりいくぶん新しい．狭いへそをもつ平滑な殻は，その縫合線上に付加的な谷がある．残念ながらこの事実は写真では認められないが，一方では完全なオウムガイ類の殻が示されている．
（143）*Pseudonautilus* sp.

アンモナイト類 Ammonites

表面的には，オウムガイ類とアンモナイト類の殻はかなり類似している．しかし，顕著な差異はそれらの室の壁にある．オウムガイ類の隔壁はひだが少なく，各隔壁の中央付近にその体管の通路がある．アンモナイト類は急激に進化し，至るところで豊富になり，そのため示準化石として役立っている．アンモナイト類は石版石石灰岩でも決して少なくないが，がっかりするほど貧弱な保存状態で発見されることがよくある．とはいえ，多数の属と若干の種の識別もできている．「アンモナイト」ということばは古代エジプトの太陽神アモンの象徴である「雄羊の角」に由来している．その後，この角が古代ローマの神ジュピター・アンモンに転用された．

アスピドセラス属 *Aspidoceras*　螺環は極度に球根状で，その結果，ほとんどボールのような外観をしている．この属には棘のある種と平滑な種が存在するが，残念ながらこの地域で発見されたほとんどすべての標

（142）プセウドアガニデス・フランコニクス　ゾルンホーフェン産，13cm，バイエルン州立古生物学博物館（ミュンヘン）

（143）プセウドナウティルス属の種　メルンスハイム産，10cm，市立ミュラー博物館（ゾルンホーフェン）

本があまりにも平たくなっていて同定は難しい.

（144）*Aspidoceras pipini* Oppel

（145,146）*Aspidoceras* sp.

棘のない小型種で，中程度のふくらみのある螺環断面をもつ．

（147）*Aspidoceras* sp.

グロキセラス属 *Glochiceras*　直径がせいぜい6cmくらいの小型アンモナイト類．螺環は鎌形のこぶ状装飾で目立つ．その螺環の装飾は側面上でらせん状の溝により中断されている．開口部には特徴的なスプーン状の付属物一対がある．

（148）*Glochiceras lithographica*（Oppel）

（149）*Glochiceras solenoides*（Quenstedt）

グラヴェシア属 *Gravesia*　この属の個体は比較的に大型で，幅広の螺環をもつ殻があり，直径30cm以上のものが知られている．側面の内側は結節状の，強化された肋で装飾されている．このアンモナイト類は良好な保存状態で発見されるのはまれである．

（144）アスピドセラス・ピピニ　アイヒシュテット産, 12cm, バイエルン州立古生物学博物館（ミュンヘン）

（145）アスピドセラス属の種（顎器を伴う）　ゾルンホーフェン産, 5cm, バイエルン州立古生物学博物館（ミュンヘン）

（146）アスピドセラス属の種　アイヒシュテット産, 8cm, ヒンケルダイ氏蔵（アイヒシュテット）

（147）アスピドセラス属の種　ゾルンホーフェン産, 3.5cm, ヴルフ氏蔵（レーデルゼー）

（148）グロキセラス・リトグラフィカ　ダイティング産, 5cm, バイエルン州立古生物学博物館（ミュンヘン）

（149）グロキセラス・ソレノイデス　アイヒシュテット産, 3cm, バイエルン州立古生物学博物館（ミュンヘン）

（150）グラヴェシア・グラヴェシアナ　アイヒシュテット産, 13cm, バイエルン州立古生物学博物館（ミュンヘン）

(150) *Gravesia gravesiana*（D'Orbigny, 1850）

ヒボノティセラス属 *Hybonoticeras*　このアンモナイト類も，縁に沿って棘のある，著しく幅広の螺環をもつ殻がある．一般にこの殻は絶対にこの属のものとみなしてよい．

(151) *Hybonoticeras hybonotum*（Oppel, 1863）
(152) *Hybonoticeras* sp.

この棘を帯びた属は，ゾルンホーフェン層から出る最も美しい化石のひとつと考えられる．この属はすでに図示したが，保存状態がすばらしいので，再度写真を示す．通常，アンモナイト類の殻は，もっぱら内部の雄型，つまり堆積物で充填された形で発見され，軟体部を欠いている．これは，ほとんどの頭足類が空になった殻の状態で埋め込まれたと考えられる事実による．アンモナイト類が死んだとき，気体で充満した室のせいで，最初は水面を漂っていたであろう．最終的には底に沈み，腐食者にむさぼり食われることがなければ，その軟部が分解するには十分な時間があっただろう．アンモナイト類が軟部を伴ったまま埋没したとしても，体組織の化石化には特別に有利な条件も必要だった．

アンモナイト類の軟部化石は，保存された体管を除くときわめてまれである．ここに提示したヒボノティセラス属は，軟部の遺物をみせているのかもしれない．

(153) *Hybonoticeras* sp.

リタコセラス属 *Lithacoceras*　螺環の上面で多数に枝分かれした肋をもつアンモナイトの仲間である．この枝分かれは若い個体で特に顕著であり，より成熟した個体では枝分かれがそれほど目立たなくなる傾向がある．このアンモナイト類の直径は最高 50 cm にも達する．

(154, 155) *Lithacoceras* sp.

図 156 の標本はその大きさと完全な保存状態の点で写真を掲載する価値がある．図 157 の標本は若干の違いを示す．いくぶん，より幅広のへそは無視できない．内側螺環上の狭い肋は外側螺環ではよりいっそう離れていく．つまり肋間距離が口縁に向かって絶えず増大しているのである．

(151) ヒボノティセラス・ヒボノトウム　ゾルンホーフェン産，15 cm，市立ミュラー博物館（ゾルンホーフェン）

(152) ヒボノティセラス属の種　シェルンフェルト産，5 cm，ジュラ博物館（アイヒシュテット）

(153) ヒボノティセラス属の種　ゾルンホーフェン産，14 cm，フェルトハウス博士蔵（ミンデン）

軟体動物 ● 61

(154) リタコセラス属の種　ゾルンホーフェン産，36 cm，市立ミュラー博物館（ゾルンホーフェン）

(155) リタコセラス属の種　アイヒシュテット産，23 cm，クラウス氏蔵（ヴァイセンブルク）

(156) *Lithacoceras* sp.
(157) *Lithacoceras viohli* Zeiss, 1992

ネオケトセラス属 *Neochetoceras*　このアンモナイト類が直径 15 cm 以上になることはまれである．外側螺環が非常に大きいので，内側の螺環はほとんどみられない．側面は不明瞭な肋で飾られている．よくあることだが，この肋を見つけることはきわめて難しいため，ネオケトセラス属の殻はしばしば平滑にみえることがある．

(158) *Neochetoceras steraspis*（Oppel, 1863）
(159) *Neochetoceras* sp.

スププラニテス属 *Subplanites*　グラヴェシア属やリタコセラス属と同じで，スププラニテス属も分岐した肋の形状をみせる．しかし，その肋の分岐は，多くても 3〜4 回である．ときどき，開口部にまるく葉状の付属器がみいだされる．このアンモナイト類は直径 20 cm くらいまで成長する．石版石石灰岩のアンモナイト類の中ではこの属のものが最善の状態で保存されている．これらはしばしばひとまとめにしてペリスフィンクテス属 *Perisphinctes* とよばれている．

(160) *Subplanites rueppelianus*
(161) *Subplanites* sp.

スププラニテス属（耳状突起を伴う標本）　体房の入口に，いわゆる耳状の突起がある．成体だけがこの

62 ● 軟体動物

（156）リタコセラス属の種　アイヒシュテット産，42 cm，個人コレクション

（157）リタコセラス・ヴィオリ　シェルンフェルト産，17 cm，ヴルフ氏蔵（レーデルゼー）

（158）ネオケトセラス・ステラスピス　アイヒシュテット産，13 cm，ベルゲル博物館（ハルトホーフ）

（159）ネオケトセラス属の種　アイヒシュテット産，8.5 cm，フリックヒンガー氏蔵（ミュンヘン）

（160）スププラニテス・ルエッペリアヌス　アイヒシュテット産，12 cm，シュミット氏蔵（フランクフルト・アム・マイン）

（161）スププラニテス属の種　アイヒシュテット産，10 cm，ベルゲル博物館（ハルトホーフ）

ような突起をもつ．同一種の中でも，耳状突起のあるものと，ないものとがあり，これは性的二型性によると結論されている．耳状突起のある殻はどうやら雄のアンモナイトらしいが，これまでのところ確かな証拠はない．

(162) *Subplanites rueppellianus*（Quenstedt, 1888）

ストネリア属 *Sutneria*　直径2～3cmの非常に小さなアンモナイト類である．葉状の「耳状部」が開口部にある．通常，前方に曲がり，分岐した肋で装われた殻をもつ．

(163) *Sutneria apora*（Oppel）

タラメリセラス属 *Tarameliceras*　このアンモナイト類の直径は10cmどまりである．開口部の葉状物は存在しない．みてわかる外面の結節は区別上の特徴として役に立つ．一部の論者は，タラメリセラス属の標本は，実際はグロキセラス属の雌だと考えている．

(164) *Tarameliceras prolithographicum*（Fontannes）

トルクアティスフィンクテス属 *Torquatisphinctes*　この属は石版石石灰岩では記載されておらず，確実なものとはいえない．スププラニテス属とは，肋の間の間隔，および肋の分岐点がより高いことで異なっている．

(165) *Torquatisphinctes* sp.

　アプティクス類（apthychi）とよばれるものは多くのアンモナイト類の住房の末端にみられる．専門家はこの構造が単に蓋の役割をしていたか，あるいはある種の顎器と考えるべきかについては同意していない［訳註：今日では顎器と考えられている］．これらの構造はしばしば孤立して発見される．つまり，殻を伴っていない．顎器は軟体部が分解する間に殻から分離したものと思われる．これまでのところ軟部の保存されたアンモナイト類は発見されていないことも言及すべきだろう．石版石石灰岩では3種類の顎器が出ている．その大きさはきわめて広範囲にわたる．

(162) スププラニテス・ルエッペリアヌス　アイヒシュテット産，11cm，ビュルガー氏蔵（バート・ヘルスフェルト）

(163) ストネリア・アポラ　アイヒシュテット産，2.5cm，バイエルン州立古生物学博物館（ミュンヘン）

(164) タラメリセラス・プロリトグラフィクム　メルンスハイム産，6cm，バイエルン州立古生物学博物館（ミュンヘン）

グラーヌラプティクス *Granulaptychus*　斑点のある表面をもつ.
（166）*Granulaptychus*

ラエウァプティクス *Laevaptychus*　平滑な表面をもつ.
（167）*Laevaptychus*

ラーメラプティクス *Lamellaptychus*　斜行した肋のある表面をもつ.
（168）*Lamellaptychus*

個々のアンモナイト類の分類は，アプティクス類がアンモナイト類の殻といっしょに発見されたときにのみ確実であると考えることができる.

未命名のアンモナイト類　竜骨状の殻をもち，殻の外側半分に鎌状の肋があり，螺環内側は平滑である.
（169）未命名のアンモナイト類

ベレムナイト類とベレムナイト型鞘形類
Belemnites and Belemnoid Coleoids

ベレムナイト類は俗にドイツ語で「神の矢 Donnerkeile」として知られ，ドイツの雷神が地上に放った太矢（稲光）の遺物とされている．ベレムナイト類は石版石石灰岩にも出るが，ここでは他のある種の堆積物の場合ほど一般的ではない．ゾルンホーフェンの外側にあたるトロイヒトリンゲン付近の大理石中からはより一般的に産出することを除くと，ベレムナイト類の化石はゾルンホーフェンではきわめてまれである．

私たちがベレムナイトといっている先の尖った構造物——哨は，実際は本来の動物のほんの小部分である．

（165）トルクアティスフィンクテス属の種　アイヒシュテット産，12 cm，INTERFOSS コレクション（ミュンヘン）

（169）未命名のアンモナイト類　アイヒシュテット産，9 cm，ベルゲル博物館（ハルトホーフ）

（166）グラーヌラプティクス　アイヒシュテット産，5 cm，バイエルン州立古生物学博物館（ミュンヘン）

（167）ラエウァプティクス　アイヒシュテット産，5 cm，シュミット氏蔵（フランクフルト・アム・マイン）

（168）ラーメラプティクス　ゾルンホーフェン産，5 cm，バイエルン州立古生物学博物館（ミュンヘン）

哨は円錐形の含気室まわりに沈着した炭酸カルシウムの層として形成され，次第に弾丸形の殻をつくり，遊泳方向をさす平衡錘の役をしている．この動物はこのように流線形を発展させたことで，より速い速度で泳げたかもしれない．その軟部は気室まわりと哨まわりにあった．分解する中で，この動物の哨はまず軟体部から分離し，続いて海底へ沈んだ．こうしたことが，多くの哨がかつてはそこにいた動物の痕跡を残さずに発見されることの説明になるだろう．

アカントトイティス属 *Acanthoteuthis* この属名は哨のない軟体部の記載に使われている．ベレムナイト類に類似した独自の目を表すとされている．気室の化石はいまでも明らかに見てわかることがある．棘のある触手が特に目立つ．触手の分離した輪が発見されることもある．哨がついたままの標本はめずらしい．

(170-173) *Acanthoteuthis speciosa* Münster

小型で，いくぶんほっそりした種と並べて，明らかに鉤のある触腕を示す幼体の標本を載せた．

(174) *Acanthoteuthis leichi* Reitner, 1986
(175) *Acanthoteuthis* sp.

「ヒボリテス」属 *"Hibolithes"* より大型の孤立した哨の記載に使われた名称である．「ヒボリテス」属の哨はおそらくアカントトイティス属のものである．以前図176に使われていたヒボリテス・ハスタトゥス *Hibolithes hastatus* (De Blainville, 1824) の属名と種名は現時点では無効だが，適当な代替できる名称がないので，近い将来ヒボリテス属が有効であると明言されるだろう．南ドイツの種は，正確には「ヒボリテス」・セミスルカトゥス *"Hibolithes" semisulcatus* (Münster, 1830) と名づけられるべきだろう．

(170) アカントトイティス・スペキオサ（全体）ゾルンホーフェン産，45 cm，ライヒ氏蔵（ボーフム）

(171) アカントトイティス・スペキオサ（哨）アイヒシュテット産，28 cm，フリックヒンガー氏蔵（ミュンヘン）

(172) アカントトイティス・スペキオサ（美しい触腕を伴う）　アイヒシュテット産，45 cm，バイエルン州立古生物学博物館（ミュンヘン）

(173) アカントトイティス・スペキオサ（分離した触腕）　アイヒシュテット産，16 cm，ルドヴィヒ氏蔵（シュトゥットガルト）

(174) アカントトイティス・ライキ　ブルーメンベルク産，9.5 cm，ヴルフ氏蔵（レーデルゼー）

(175) アカントトイティス属の種（幼体）　ヴェークシャイト産，11 cm，カスツメカート氏蔵（ゾルンホーフェン）

軟体動物 67

(176)「ヒボリテス」・セミスルカトゥス　アイヒシュテット産，16 cm，シュミット氏蔵（フランクフルト・アム・マイン）

(176) *"Hibolithes" semisulcatus*（Münster, 1830）

ラフィベルス属 *Raphibelus*　小さな，針状のベレムナイト類をいう．この名称もそれぞれのベレムナイト動物の化石が発見されるまで有効であるにとどまる．

(177) *Rhaphibelus acicula*（Münster, 1930）

イカ類 Squids

ツツイカ類 Teuthoidea には，もはや気室がない．甲だけが残っており，ある種の支持的な内部骨格の役をしている．一部の種の触腕にはいまだに鉤があるが，大部分のイカ類は吸盤のある触腕をもつ．軟部が保存されることもある．墨汁囊は，通常，保存され，墨汁の残余が発見されたことさえある．石版石石灰岩からは，長さがわずか 10 cm という小さな個体から本当に巨大なものまでさまざまな属が産出している．

ケラエノトイティス属 *Celaenoteuthis*　比較的に小さなイカ類で，その甲の長さは 10 cm に達しない．甲は前方へ向かって先細りし，その中肋は軸のようにはるか前方に伸びている．この標本を上からみると，幅

(177) ラフィベルス・アキクラ（カキ類のコロニーを伴う）　シェルンフェルト産，7 cm，バイエルン州立古生物学博物館（ミュンヘン）

(178) ケラエノトイティス・インケルタ　アイヒシュテット産，6 cm，ジュラ博物館（アイヒシュテット）

の狭いひしゃくのような印象を受ける．

(178) *Celaenoteuthis incerta* Naef, 1922

ドノヴァニトイティス属 *Donovaniteuthis*　この中く

らいの大きさの種では，甲と触手の付け根しか保存されていない．尾側の翼部は認められない．甲の後部は強くまるみを帯びた先端で終わり，前部はますます先細りする．墨汁嚢は甲の中央部真下にあり，長さは約6cmになる．触腕を含めたこの標本の大きさは約70cmに達するだろう．

（179） *Donovaniteuthis shoepfeli* Engeser & Keupp, 1997

ドリアンテス属 *Doryanthes*　このイカ類は比較的に短い甲をもつ．甲の中央部両側ははじめは平行に走っているが，末端で狭まってV字形の尖端になる．まるみのある房錐部は動物の中央部沿い，ほぼ半ばから始まる．

（180） *Doryanthes munsteri*（D'Orbigny, 1845）

レプトトイティス属 *Leptotheuthis*　その大きさの点で注目される．しばしば甲の長さは1m，またはそれ以上に達する．甲の中央部は円くふくらみ，前方に向かうにつれてV字形になり，長い卵形の外形になる．

触手は短い．側方の鰭は長くて狭く，動物の後端近くについている．

（181） *Leptotheuthis gigas* Meyer, 1834

たぶん幼体標本である．正しい綴りは *Leptotheuthis* で，*Leptoteuthis* ではない．しかし，この語はギリシャ語で「イカ」を意味する "teuthis"（トイティス）からきている．

（182） *Leptotheuthis* sp.

ムエンステレラ属 *Muensterella*　長さが10cmをこえることはめったにない小型の属である．側面からみた甲はひしゃく状だが，上面からみるとテニスのラケットにみえる．

（183-185） *Muensterella scutellaris* Münster, 1842

（186） *Muensterella* sp.

オニキテス *Onychites*　これがイカ類であったら真に巨大だったにちがいない．これまでに発見されたのは，触腕の孤立した鉤だけであり，この鉤はこの動物の吸盤にあった角質部と解されていた．この動物は10mか，それ以上に達したかもしれない．かつては

（179）ドノヴァニトイティス・シェフェリ
　　ヴィンタースホフ産，**63cm**，ジュラ博物館（アイヒシュテット）

（180）ドリアンテス・ムンステリ（触腕と甲と生痕を伴う）
　　アイヒシュテット産，**27cm**，INTERFOSS コレクション（ミュンヘン）

軟体動物 ● 69

（181）レプトトイティス・ギガス　ゾルンホーフェン産，106 cm，ジュラ博物館（アイヒシュテット）

（182）レプトトイティス属の種　ブルーメンベルク産，10 cm，ヴルフ氏蔵（レーデルゼー）

（183）ムエンステレラ・スクテラリス　アイヒシュテット産，10 cm，ルドヴィヒ氏蔵（シュトゥットガルト）

（184）ムエンステレラ・スクテラリス　ゾルンホーフェン産，6 cm，市立ミュラー博物館（ゾルンホーフェン）

まず，触手をもつ大型標本の頭部を図189に図示する．この標本の全長は約60〜70cmに達する．より完全な標本では墨汁嚢と触腕がみられる（図190）．
(189, 190) *Palaeololigo oblonga* (Wagner, 1859)

プレシオトイティス属 *Plesioteuthis*　石版石石灰岩で最も一般的なイカ類と考えることができる．長く幅の狭い甲は結果的に円錐形殻になっている．翼部はこの円錐形殻の側面に付いている．プレシオトイティス属は約30cmになる．生活環の全段階における個体が発見されている．特にこの種では，墨汁嚢の化石がしばしば保存されている．図193に示した標本では，甲

(185) ムエンステラ・スクテラリス　ダイティング産，5cm，バイエルン州立古生物学博物館（ミュンヘン）

(186) ムエンステラ属の種　アイヒシュテット産，5cm，フォン・ヒンケルダイ氏蔵（アイヒシュテット）

不釣り合いに大きくなった雄ベレムナイト類の触腕として処理されていた．「オニキテス」という名称は真の属名ではなく，単なる叙述用の名称とみなせる．これはその後の研究で，魚の分離した骨と判明した．
(187) Onychites

パラエオロリゴ属 *Palaeololigo*　中央部はきわめて幅が狭く，両端では先細りして尖っている．甲の中央部の始まりの部分では側部は拡がっているが，結局，後端になると円錐形殻と一体化する．通常，パラエオロリゴ属は約15cmの大きさになる．少数の例外的な個体では著しく大きくなったものが知られている．
(188) *Palaeololigo oblonga* (Wagner, 1859)

(188) パラエオロリゴ・オブロンガ　アイヒシュテット産，38cm，マクスベルク博物館（ゾルンホーフェン）

(187) オニキテス　ゾルンホーフェン産，21cm，ルドヴィヒ氏蔵（シュトゥットガルト）

軟体動物 ● 71

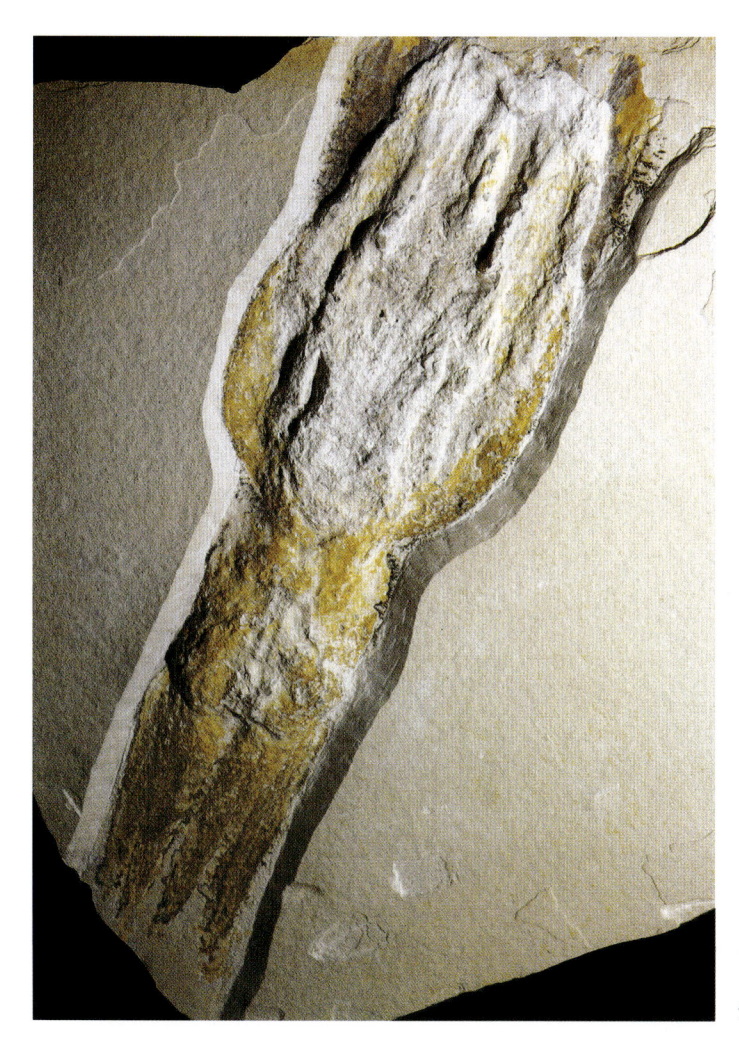

(189) パラエオロリゴ属の種（頭部と触腕）
　　　レークリンク産, 34 cm, ヴルフ氏蔵（レーデルゼー）

(190) パラエオロリゴ属の種　アイヒシュテット産, 28.5 cm, ヴルフ氏蔵（レーデルゼー）

は長く瓶状で,上端に向かってわずかに拡がっている.触腕は少なくとも甲並の長さをもつ.将来,このより長い腕を根拠にして新種を設立することの当否を明らかにしなければならない.

(191-193) *Plesioteuthis prisca*（Rüppell, 1829）

触腕を伴った標本（図194）に,末端の翼部を伴う個体（図195）,さらには幼体の標本を示す（図196）.図197は外套膜の筋肉組織を観察できる.

(194-197) *Plesioteuthis prisca*（Rüppell, 1829）

トラキトイティス属 *Trachyteuthis*　これは一般的な属のひとつである.重々しく,大きな甲の長さは75cmまでで,その後端部は翼状に拡がっている.もしこの動物の長い触腕と幅広の翼部（これは甲のほぼ全長にわたる）が保存されていたとすると際立ったものになっただろう.

(198) *Trachyteuthis hastiformis*（Rüppell, 1829）

図199のイカ類には後部側方に特徴的な翼部があり,図198よりもずっとはっきりしている.

(199) *Trachyteuthis hastiformis*（Rüppell, 1829）

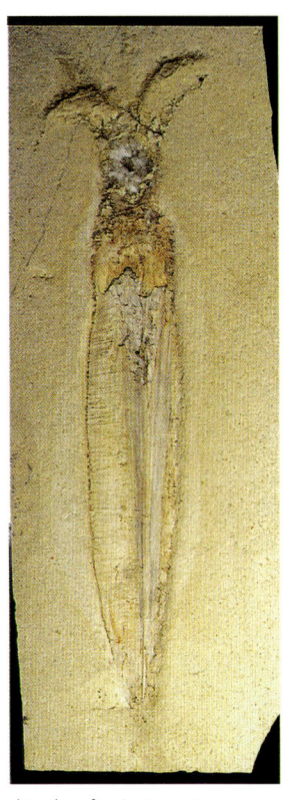

(191) プレシオトイティス・プリスカ　ゾルンホーフェン産,26 cm,テイラー博物館（オランダ,ハーレム）

(192) プレシオトイティス・プリスカ（墨汁囊を伴う）アイヒシュテット産,17 cm,フリックヒンガー氏蔵（ミュンヘン）

(193) プレシオトイティス・プリスカ　アイヒシュテット産,55 cm,クラウス氏蔵（ヴァイセンブルク）

軟体動物 73

(194) プレシオトイティス・プリスカ（触腕を伴う）　アイヒシュテット産，29 cm，ジュラ博物館（アイヒシュテット）

(195) プレシオトイティス・プリスカ（体末端の翼部を伴う）　アイヒシュテット産，11 cm，市立ミュラー博物館（ゾルンホーフェン）

(196) プレシオトイティス・プリスカ（幼体）　アイヒシュテット産，6 cm，グラウプナー氏蔵（プラネック）

74 ● 軟体動物

(197) プレシオトイティス・プリスカ（外套膜） ブルーメンベルク産, 5 cm, カスツメカート氏蔵（ゾルンホーフェン）

(198) トラキトイティス・ハスティフォルミス アイヒシュテット産, 27 cm, フリックヒンガー氏蔵（ミュンヘン）

(199) トラキトイティス・ハスティフォルミス ランゲンアルトハイム産, 32 cm, ティシュリンガー氏蔵（シュタムハム）

蠕虫類 Worms

　蠕虫類という用語は一般に細長い体をもつ，広範にわたった異なるグループの生物を表している．体の前部と後部末端とは形が違う．「蠕虫類」ということばを耳にすると私たちは反射的にミミズを考える傾向があるが，化石の蠕虫類を調べる際に直面させられる最も難しい問題は，この動物自体の体の構造にある．軟部が保存されることはまずないし，仮に保存されたとしても，通常とんでもなく不明瞭な形で残されているので，その動物を確実に分類することは難しい．多くの場合，私たちは甘んじて敗北を認め，その動物を同定不能な蠕虫類として記載することになる．しかし，その場合でも間違いをおかす可能性はいくらでもある．ここで検討する属についても十分に注意して扱う必要があるだろう．

環形動物 Annelids

　環形動物 Annelida には多毛類 Polychaeta，ミミズ類（貧毛類）Oligochaeta，それにヒル類が含まれる．石版石石灰岩から出た一部の化石環形動物の同定と分類は確実なものである．若干の事例では，同定に必要なあらゆる細部，つまり特徴的な剛毛とか小さな顎といったあらゆる細部まで保存されていることもある．各体節には一対の切株状の付属肢があり，剛毛の束と鰓がある．多くの種は夜行性で，泳いで獲物を捕る．多毛類は現在の大洋にもかなりの数が生き残っている．しかし，石版石石灰岩の化石では最もまれなものの中に含まれる．

　同様に炭酸カルシウム（石灰質）の管状の被覆で軟部を囲った別の型の動物もいる．こういった硬い殻は化石化の見込みを増してくれる．これらの石灰質の管の化石はジュラ紀の堆積岩中では普通にみられるが，この地域での発見はまれである．一般に，環形動物は蠕虫類の中では最も進歩したグループである．

　クテノスコレクス属 *Ctenoscolex*　他の多毛類の環形動物と違い，この蠕虫類は目立った剛毛のある付属肢をもたず，特別に大きくもならない．この属は確実なものとみられる．

(200) *Ctenoscolex procerus* Ehlers, 1869

　未命名のヒル類　おそらくこの動物はヒル類と類縁だった．その体にはまるみがあり，多くの小さな環節からできている．

(201) 未命名のヒル類

　エウニキテス属 *Eunicites*　確実な属として認められているもうひとつの多毛類である．時にクテノスコレクス属より大きくなることがある．エウニキテス属には剛毛のある付属肢の遺物がみられる．おそらく若干の種は類別できる．エウニキテス属は石版石石灰岩で最も一般的な蠕虫類だが，保存状態のいいものはきわ

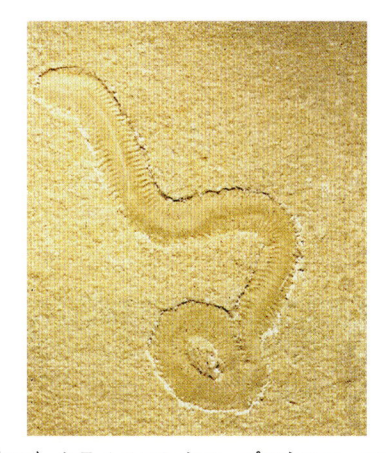

(200) クテノスコレクス・プロケルス　アイヒシュテット産，10 cm，バイエルン州立古生物学博物館（ミュンヘン）

(201) 未命名のヒル類　アイヒシュテット産，3 cm，ルドヴィヒ氏蔵（シュトゥットガルト）

めて少ない．E. プロアウス種 Eunicites proavus は E. ア
タウス種 E. atavus より大型で，さらにいっそう稀産
である．ここであげたもうひとつの標本はたぶんこの
属に入るだろうが，異なった種を示すものかもしれな
い．

（202）*Eunicites atavus* Ehlers, 1868
（203）*Eunicites proavus* (Germar, 1842)
（204）*Eunicites* (?) sp.

　図205の，かなり大きく保存のよい標本はこの属に
入ると思われる．下顎のある頭部がかなりはっきりと
見てとれる．

（205）*Eunicites* sp.

ヒルデラ属 *Hirudella*　体は長く，細い．正確な系
統上の確定はほぼ不可能である．

（206）*Hirudella angusta* Münster, 1842

レグノデスムス属 *Legnodesmus*　ここでは，多毛類
の石灰質の管を取り上げる．この属の正当性について
は多少疑問がある．

（207, 208）*Legnodesmus* (?) sp.

メリンゴソマ属 *Meringosoma*　これは異常な体形の
蠕虫類である．体は短く，幅が広い．体節と剛毛は側
面だけにみられるが，中央部には欠けている．

（209）*Meringosoma curtum* Ehlers, 1869

（202）エウニキテス・アタウス　アイヒシュテット産，25 cm，ゼンケンベルク自然史博物館（フランクフルト・アム・マイン）

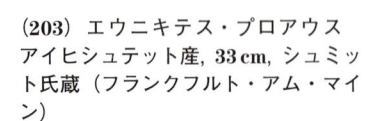

（203）エウニキテス・プロアウス　アイヒシュテット産，33 cm，シュミット氏蔵（フランクフルト・アム・マイン）

（204）エウニキテス属（?）の種　アイヒシュテット産，18 cm，シェーファー氏蔵（キール）

（205）エウニキテス属の種　ブルーメンベルク産，31 cm，ヴルフ氏蔵（レーデルゼー）

蠕虫類 77

(206) ヒルデラ・アングスタ　ケルハイム産，7 cm，バイエルン州立古生物学博物館（ミュンヘン）

(207) レグノデスムス属（?）の種　ケルハイム産，5 cm，バイエルン州立古生物学博物館（ミュンヘン）

(208) レグノデスムス属（?）の種（明白な剛毛を伴う）シェルンフェルト産，5 cm，ジュラ博物館（アイヒシュテット）

(209) メリンゴソマ・クルトゥム　アイヒシュテット産，3.5 cm，バイエルン州立古生物学博物館（ミュンヘン）

(210) ムエンステリア属の種　ケルハイム産，7 cm，バイエルン州立古生物学博物館（ミュンヘン）

(211) ムエンステリア・ウェルミクラリス　アイヒシュテット産，8 × 8 cm，市立ミュラー博物館（ゾルンホーフェン）

ムエンステリア属 *Muensteria*　図 210 のミミズ類とみられる化石の名称は，エピトラキス・ルゴスス *Epitrachys rugosus* の名称で知られていたが，今ではムエンステリア属に置き換えられている．図 211 の 1 枚の岩片には 5 個の個体標本が保存されているが，新しい研究により，これは多毛類のケヤリ類，その膠着した管であることが明らかになった．

(210) *Muensteria* sp.
(211) *Muensteria vermicularis* Sternberg, 1833

パラエオヒルド属 *Palaeohirudo*　たぶんヒル類に入る．分化の程度が小さいので，確かな分類上の同定は難しい．

(212) *Palaeohirudo eichstaettensis* Kozur

セルプラ類 *Serpula*　この名称は一般的な意味合いでのみ使われ，独自の属を示す名称ではない．この用

(212) パラエオヒルド・アイヒシュテッテンシス　ブルーメンベルク産，16 cm，バイエルン州立古生物学博物館（ミュンヘン）

(213) 未命名の蠕虫類　ブライテンヒル産，5 cm，リューデル氏蔵（ミュンヘン）

(214) 未命名の蠕虫類（口辺部を伴う）　ツァント産，2.3 cm，リューデル氏蔵（ミュンヘン）

(215) 未命名の蠕虫類（口辺部を伴う）　ツァント産，5 cm，リューデル氏蔵（ミュンヘン）

(216) 未同定の蠕虫類　ブルーメンベルク産，5 cm，ヴルフ氏蔵（レーデルゼー）

(217) 未同定の蠕虫類　アイヒシュテット産，1.5 cm，レシュ/フェルトハウス氏蔵（ミンデン）

語はさまざまな種（属の可能性さえある）の，石灰質の管をさしている．セルプラ類は石版石石灰岩では稀産である．発見されるときは常に潟湖に押し流された基質に付着している．その基質は通常，アンモナイト類や類似の生物体である．

未命名の蠕虫類　これは小型のほっそりとした種で，その体には明らかな体節がある．この蠕虫類の保存状態のいい頭部は特に注目に値する．この蠕虫類についてはこれまで記載されていない．
(213) 未命名の蠕虫類

未命名の蠕虫類　この2つの標本では，口辺部が明らかにみてとれる．
(214, 215) 未命名の蠕虫類

未同定の蠕虫類　この蠕虫類はほとんど確定できない．環形動物にあてはまるかどうかも疑問である．不確かな剛毛のふさらしきものを除き，剛毛の痕跡は発見されていない．下顎を伴う頭部はきわめてはっきりと残っている．
(216) 未同定の蠕虫類

未同定の蠕虫類　提示した奇妙な化石は小さな個体

で，いくぶん幅広の側方突起があり，末端は鋭い棘状になっていたらしい．蠕虫類よりはむしろイモムシに思えるかもしれないが，棘状の突起は密集した剛毛のふさを覆っていたとも考えられる．決定は専門家にしかできない．

(217) 未同定の蠕虫類

蠕虫類のような糞石 Worm-like Coprolite

魚類や他の動物の排泄物は蠕虫類に似ていることがあるため，過去にはよく蠕虫類と間違えられた．これらの化石化した排泄物は専門的には糞石として知られ，古生物学的な見地からはきわめて興味深い．糞石は未消化の食物の残存物を含んでいることがあり，したがってその糞石を排出した生物の食事についての事実を確定することができる．時によっては糞石生産者である生物の正体さえも推定することができる．糞石は分節構造をとり，このことが，しばしば蠕虫類と見誤られる原因になる．しかし注意さえ払えば，糞石の切片は不規則で，化石化した蠕虫類のより規則的な分節との差異が見てとれる（図218-220）この誤りが明らかであるにもかかわらず，19世紀の古生物学者たちがいくつかの異なった種を設けさえした．そのひとつの「属」に目を向けてみよう．

「ルムブリカリア」 *Lumbricaria* この名称は，この構造が以前はある種の蠕虫類の化石化した遺物を示すと信じられていたことを明らかにしている（ルムブリクス属はミミズ類にあたる）．その後すぐ，一部の著者がこれらの化石は各種の魚類によって排泄された糞石であると再解釈した．魚類の排泄物は化石化の過程でリン酸カルシウムに置換されるが，「ルムブリカリア」のもつれたひもは炭酸カルシウムからできている．さらに，自由遊泳するウミユリ類サッココマ属 *Saccocoma* の切れ端が，「ルムブリカリア」の中から発見された．これにより，「ルムブリカリア」として保存された未消化の素材を排泄した生物はイカ類だったのではという疑いが生まれた．そして，特定の化石産地でのイカ類と「ルムブリカリア」の相対的な豊富さの間にみられる正の相関関係がこの想定を支持する付加的な証拠になった．

(221) "*Lumbricaria*"

(220) 糞石　ゾルンホーフェン産，24cm，市立ミュラー博物館（ゾルンホーフェン）

(218) 糞石　アイヒシュテット産，21cm，シュミット氏蔵（フランクフルト・アム・マイン）

(219) 糞石　アイヒシュテット産，10cm，ゼンケンベルク自然史博物館（フランクフルト・アム・マイン）

(221)「ルムブリカリア」 ランゲンアルトハイム産，14cm，マクスベルク博物館（ゾルンホーフェン）

甲殻類 Crustaceans

その関節のある付属肢のため，甲殻類は節足動物 Arthropoda に分類される．この門には遠い昔に絶滅した三葉虫類から，現生の昆虫類までのすべてが含まれている．したがって，このグループが他のどの門より多くの被記載属を含んでいることは驚くにあたらない．水中にせよ，陸上にせよ，節足動物はいつも自分に適した生息地を発見してきた．そして，飛行性の昆虫類の成功について考えると，節足動物のもうひとつの生息地として，当然，空中を付け加えることができるだろう．しかし，ここでは甲殻類やその類縁動物についての議論に限りたい．石版石石灰岩には多数のものが化石として保存されている．

カブトガニ類 Horseshore Crabs

この並外れた動物は，遠くカンブリア紀まで起源をさかのぼることができる．カブトガニ類の動物は有名な剣尾類，矢尾類，あるいは馬蹄類として現在もまだ生き残っている．これらの動物には高度な適応性があったにちがいない．そうでなければ，過去1億5000万年もの間，事実上，変化もせず生き残ることはほとんど不可能である．これらの動物は水温と塩分濃度の変化に対する高い耐性を進化させてきた．彼らは短期間だが乾いた陸地でさえ生き延びられる．彼らは普通，泥の中の軟体動物を掘って過ごしているが，泳ぐこともでき，背泳ぎさえできる！　私たちの地域にいるのは1属だけだが，稀産というわけではない．

メソリムルス属 *Mesolimulus*　体前部はまるい楯状で，後方では台形をつくるように狭くなり，最終的には先細りして長く，先の尖った剣尾になる．体の後半部は側方に棘が付いている．その特徴的な外観はこれらの動物を見間違えようのないものにしている．歩行痕もかなり特徴的だが，めずらしいものではない．その歩行痕は他の多くの動物に比べて，この動物が不利な状況に長く耐えうる証拠になっている．

(222) メソリムルス・ヴァルヒ　アイヒシュテット産，23 cm，シュミット氏蔵（フランクフルト・アム・マイン）

(223) メソリムルス・ヴァルヒ　アイヒシュテット産，**53 cm**，シェーファー氏蔵（ニュルンベルク）

(222) *Mesolimulus walchi*（Desmarest, 1822）

ここにあげた標本（図223）は，記録的な長さ，53 cmに達している．仰向けになっている別の個体（図224）はまぎれもなく腹側を示している．

(223, 224) *Mesolimulus walchi*（Desmarest, 1822）

(224) メソリムルス・ヴァルヒ（腹側を示す）　アイヒシュテット産，**14 cm**，シュミット氏蔵（フランクフルト・アム・マイン）

クモ類とウミグモ類
Spiders and Pantopods

　カブトガニ類と同じで，蛛形類は触角のない節足動物に含まれる．クモ類はサソリ類やダニ類とともに，節足動物の鋏角類を構成する．より早い時代には，サソリ類は水中で暮らすことができ，一部のダニ類は現在もこの能力を保っている．これらの動物の大部分は乾いた陸地にコロニーをつくるが，少数の例外もいる．少数のクモ類は水面下でさえ暮らせる．この最高の例がミズグモ類で，われわれの身のまわりにもみられ，水中に潜水鐘のような網を張る．石版石石灰岩では唯一の，きわめてまれなクモ類が発見されている．

　「ステルナルトロン」属 *"Sternarthron"* 紡錘状の体形と，もちろんのことだが 8 本の肢が特徴的な形質である．メクラグモ（ザトウムシ）類を除くと，ほとんどのクモ類は体の前部と後部の間であきらかな境界がある．これがステルナルトロン属にはあてはまらない．その体は分節せず，1 本の短く鞭状の付属肢になっている．こういった理由から，ステルナルトロン属は真のクモ類には属さないのではないかと，しばしば示唆されている．

　図 225 はステルナルトロン属とみられていたが，未知の属種のクモ類であり，たぶん現生のメクラグモ（ザトウムシ）類に似たものである．現在までステルナルトロン属とよばれてきた別の化石（図 226）は，ある種の皆脚（ウミグモ）類か，新目の蛛形（クモ）類である可能性が最も大きい（Bechly，未発表）．
(225) 未知の属種のクモ類
(226) 未同定の皆脚（ウミグモ）類？

(225) 未知の属種のクモ類　ゾルンホーフェン産，15 cm，ヘンネ氏蔵（シュトゥットガルト）

(226) 未同定の皆脚（ウミグモ）類，または新目の蛛形（クモ）類　アイヒシュテット産，5 cm，ビュルガー氏蔵（バート・ヘルスフェルト）

蔓脚類 Barnacles

蔓脚類は自由遊泳の幼生相を経過する．成体の蔓脚類はある種の底質に恒久的に着生するか，さもなければ寄生生活様式をとる．エボシガイ類の蔓脚類は，伸縮性のある背側の柄部で自身を適当な底質に固定し，巻きひげ状の付属肢を外方に伸ばして食物をとる．他の型，たとえばフジツボ類では柄部がなく，それ自体が直接着生する．石版石石灰岩では柄部のあるものだけが発見されている．寄生的な蔓脚類は軟体動物の殻に取り付いて過ごし，彼らがいたことの痕跡として特徴的な切れ込み状の開孔部を残す．蔓脚類は石版石石灰岩では最もまれな化石の中に入る．

アルカエオレパス属 *Archaeolepas* エボシガイ類である．小さな装甲板と柄部が明らかにみられる．おそらく，この動物は流木のような浮遊物に着生していた．
(227) *Archaeolepas redenbacheri*（Oppel, 1862）
(228, 229) *Archaeolepas*（?） sp.

ブラキザフェス属 *Brachyzapfes* この寄生性の蔓脚類は好んでベレムナイト類に着生した．これまで知られているのはこの動物が残した痕跡だけで，動物自体は発見されていない．

未命名の蔓脚類 残された2種類の殻片の化石は，カメノテ属 *Pollicipes* のものと思われる．これまでにこの種の蔓脚類は石版石石灰岩では記載されていない．
(230, 231) 未命名の蔓脚類

(227) アルカエオレパス・レデンバッヘリ ケルハイム産，2 cm，バイエルン州立古生物学博物館（ミュンヘン）

(228) アルカエオレパス属（?）の種 カルミュンツ産，1 cm，ティシュリンガー氏蔵（シュタムハム）

(229) アルカエオレパス属（?）の種（アンモナイト類に着生） カルミュンツ産，7 cm，ティシュリンガー氏蔵（シュタムハム）

(230) 未命名の蔓脚類（殻） ケルハイム産，2.5 cm，カリオプ氏蔵（レーゲンスブルク）

(231) 未命名の蔓脚類（殻） ケルハイム産，1.9 cm，カリオプ氏蔵（レーゲンスブルク）

未命名の蔓脚類 図 232 は柄部を，図 233 は明らかな触手を示している．これらが同属のものであるか確実には判断できない．いずれにせよこれら両者はアルカエオレパス属を示す種ではないだろう．
(232,233) 未命名の蔓脚類

(232) 未命名の蔓脚類（柄部を伴う） ツァント産，2.5 cm，リューデル氏蔵（ミュンヘン）

(233) 未命名の蔓脚類（触手を伴う） ツァント産，0.5 cm，ビュルガー氏蔵（バート・ヘルスフェルト）

アミ類 Glass Shrimps

　アミ類 mysidacean は海洋に多数生息している脆弱な生物で，水族館の所有者はしばしばアミ類を海水魚の餌にしている．アミ類のひとつの特異的な性質は，頭胸部の殻が胸部全体を覆っていることである．眼は高い可動性のある柄の上に付いている．石版石石灰岩には，この動物は少数しか保存されていない．しかし，化石としてまれであることは，ジュラ紀の海でも同様にめずらしかったことを必ずしも意味しない．その繊細な体が化石として保存されることはめったになかったからである．それにもかかわらず，私たちは3属を区別できる．

　エルダー属 *Elder*　フランコカリス属とは頭部がより短い点で異なっている．体は同じくらいの大きさである．

（234）*Elder ungulatus* Münster, 1839

　フランコカリス属 *Francocaris*　眼は著しく長い頭部の前端にある．頭胸部の前部はこの動物の体の大部分を形づくり，そこからきわめて短い後部にかけて先細りする．歩脚はその遠位で2分し，「二叉型の脚の甲殻類」という名称を裏づけている．

（235）*Francocaris grimmi*（Broili, 1917）

　サガ属 *Saga*　体節は非常にはっきり区別できる．この性質を除くと，サガ属はエルダー属に非常によく似ているため，サガ属が別属として分類するに値するかどうかには若干の疑問がある．

（236）*Saga mysiformis* Münster, 1839

（234）エルダー・ウングラトゥス　アイヒシュテット産，5cm，シュミット氏蔵（フランクフルト・アム・マイン）

（235）フランコカリス・グリムミ　ツァント産，4cm，バイエルン州立古生物学博物館（ミュンヘン）

（236）サガ・ミシフォルミス　アイヒシュテット産，5cm，バイエルン州立古生物学博物館（ミュンヘン）

等脚類（ワラジムシ類）Isopods

ワラジムシ類は等脚目 Isopoda に分類される．真の甲殻類とは違って等脚類の第1胸節は頭部と癒合し，最後部の体節はほとんど常に尾扇の体節に合体している．体節は通常は胸部では広く，後方へ向かって狭くなる．時に，胸節の歩脚が採餌だけに適応していることがある．それらの歩脚は一般に短く，その他の歩脚とうりふたつである．大部分の等脚類は呼吸器官を発達させ，乾いた地上へ出ることができた．この動物のグループも石版石石灰岩の化石に出てきており，これまでに3属が記載されている．

パラエガ属 *Palaega* 上からみた形は紡錘形である．頭部は体部に比べて非常に小さく，尾部は後方に向かって先細りする．眼はウルダ属 *Urda* のものに比べて小さい．

(237) *Palaega kunthi* (Ammnon, 1882)

シュヴェグレレルラ属 *Schweglerella* 三葉虫をみているような気になるが，これは疑いなく最近記載された等脚類である．扁平で，明らかに分節した体躯には頭部に付いた触角がみられる．体の並外れた幅の広さは，側面にある大きな基節葉が原因となったもので，この基節葉は卵形の楯のような印象を抱かせる．

(238) *Schweglerella strobli* Polz, 1998

ウルダ属 *Urda* 両体側が平行に走り，著しく長い体部をもつ．大きな眼は頭部の両側にある．U字型の尾扇各部は二叉分岐した尾叉からなる．

(239) *Urda rostrata* Münster, 1840

ウルダ属で頸環がより高い位置にあり，著しく先細

(238) シュヴェグレレルラ・ストロブリ　ランゲンアルトハイム産，3cm，市立ミュラー博物館（ゾルンホーフェン）

(237) パラエガ・クンツィ　アイヒシュテット産，2cm，バイエルン州立古生物学博物館（ミュンヘン）

(239) ウルダ・ロストラタ　アイヒシュテット産，3cm，バイエルン州立古生物学博物館（ミュンヘン）

りした頭部をもつ．
(240) *Urda* sp.

未命名の等脚類　この小さな個体は等脚類に属することは確実だろう．これがキクロスファエロマ属 *Cyclosphaeroma* に入るかどうかは，現時点では判断できない．ここでは凸面の盛り上がり中に拡がった，横に区切られた体部がみられ，その中央部には比較的に小さな頭部がある．
(241) 未命名の等脚類

未命名の等脚類　寄生性の化石等脚類はこれまで知られていなかった．この小さな動物は見落とされてきた可能性がある．肉眼では観察できず，10倍くらいの倍率でしかみえない．たまたま個人コレクターが双眼顕微鏡を使い，肉眼でもわかる水生半翅類昆虫のメソベロストムム属 *Mesobelostomum* を調べていた．彼が調べたかったのはその翅鞘の構造だったらしいが，かわりに彼はこの小さな動物を発見した．その昆虫にいくつかの標本が住み着いていたのだ．

寄生性の等脚類は少なくとも魚類には知られているが，なぜ昆虫類でも知られていないのか？　また，等脚類は昆虫類に寄生する生活を送っていたのか，それとも昆虫類の死後に住み着いたのかという疑問が生じてくる．もし後者の考えが正しいとすると，これらの動物は寄生性ではなく，よくても屍肉性である．このことは，等脚類はゾルンホーフェン層の堆積域，つまり生物には不適と思われる深度に生息していたことになる．

仮にこのような寄生者が生きている動物に侵入したとすれば，彼らはその死体を残すはずだ．そうでなければ，それらは集団として化石化しなかった．しかし，おそらくこの昆虫類はその体に等脚類をつけたままで海盆中に流れ込み，微細な石灰によって急速に埋没されたようである．この寄生者は宿主から逃れられないまま，宿主とともに埋もれてしまったのである．

この問題については議論をし，さまざまな解釈を示すことができる．実際，このまれな標本は宿主と寄生者の化石集団を研究するまれな機会を提供している．これを書き進めている間にも，同じような他の発見情報が聞かれた．もし系統的に調べていくならば，このような遺骸群集も大きな例外ではなくなるだろう．
(242) 未命名の等脚類

(240) ウルダ属の種（裏返しになった標本）　アイヒシュテット産，5 cm，クラウス氏蔵（ヴァイセンブルク）

(241) 未命名の等脚類　アイヒシュテット産，2.5 cm，シュテベナー氏蔵（シュタウフェンベルク）

(242) 未命名の等脚類（昆虫類に寄生？）　アイヒシュテット産，0.4 cm，ゼッペルト氏蔵（ヒルデスハイム）

小型エビ類 Shrimps

　次に論じる歩行性のエビ同様，底生で遊泳性のエビは10本（5対）の歩脚をもち，この特徴からいずれも十脚目 Decapoda とよばれている．すべてのよく知られている甲殻類，つまりザリガニ類からカニ類に及ぶきわめて多様な集団が十脚目である．その脚の中で，最初の3対は鋏角として働き，次の5対が歩脚で（1本から数本に鋏のあるものがある），そして後部の何対かが遊泳脚として働いている．小型エビ類の頭胸部は，しばしば筒状に圧縮され，スパイク状に長くなっている．触角が特に目立つ．第2触角は，普通，第1触角より長い．石版石石灰岩で発見されるほとんどの甲殻類はこのグループに属している．

アカントキラナ属 *Acanthochirana*　眼上棘は上方に曲がっているが，発達は弱々しい．対の第2触角は体長の約2倍の長さがある．対の第1歩脚は刺毛を備え，他の歩脚よりは短い．この属は以前は「アカントキルス」属 "*Acanthochirus*" として知られていた．若干の種が知られている．

（243）*Acanthochirana angulata*（Oppel, 1862）
（244）*Acanthochirana cordata*（Münster, 1839）
（245）*Acanthochirana longipes*

エガー属 *Aeger*　この甲殻類は石版石石灰岩からしばしば発見されている．対の第1歩脚にある刺毛は，識別上の特色として役立っている．この刺毛は非常に長いため，櫛のような印象を生んでいる．若干の種は，眼上棘の形から区別できる．

（246）*Aeger armatus* Oppel, 1862
（247）*Aeger elegans* Münster, 1839
（248, 249）*Aeger tipularius*（Schlotheim, 1822）

　あらゆる特徴を伴う背側面を示す．このような保存状態はきわめてまれである．

（243）アカントキラナ・アングラタ　アイヒシュテット産，15 cm，フリックヒンガー氏蔵（ミュンヘン）

（244）アカントキラナ・コルダタ　アイヒシュテット産，7 cm，シュヴァイツァー氏蔵（ランゲンアルトハイム）

（245）アカントキラナ・ロンギペス　アイヒシュテット産，9 cm，ティシュリンガー氏蔵（シュタムハム）

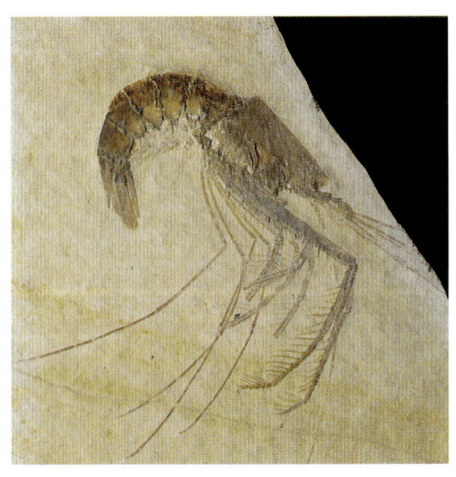

（246）エガー・アルマトゥス　アイヒシュテット産，7 cm，クラウス氏蔵（ヴァイセンブルク）

甲殻類 89

(247) エガー・エレガンス　アイヒシュテット産, 8cm, ライヒ氏蔵（ボーフム）

(248) エガー・ティプラリウス　アイヒシュテット産, 11cm, フリックヒンガー氏蔵（ミュンヘン）

(249) エガー・ティプラリウス（ウミユリ類サッココマ属共産）アイヒシュテット産，12 cm，ベルゲル博物館（ハルトホーフ）

(250) エガー・ティプラリウス（背側面）アイヒシュテット産，14 cm，キュムペル氏蔵（ヴッパータール）

(250) *Aeger tipularius*（Schlotheim, 1822）

アントリムポス属 *Antrimpos* この属は，以前は「ペナエウス」属 "*Penaeus*" の名で知られていた．現在はこのペナエウス属という名称は，暖かい海洋環境にすむ鞭状の尾をもつ小型エビ類にあてられている．長い第3歩脚が特徴的である．この甲殻類から受ける全般的な印象は，いくぶん太りぎみなことである．多数の異なった種がいる．アントリムポス属は石版石石灰岩では最もよくみられる甲殻類である．

(251) *Antrimpos intermedius*（Oppel, 1862）
(252) *Antrimpos meyeri*（Oppel, 1862）
(253) *Antrimpos speciosus* Münster, 1839

次に提示する標本は明瞭さと美しさの点で先の個体に勝っている．

(254) *Antrimpos speciosus* Münster, 1839

ブラクラ属 *Blaculla* この小さな甲殻類は目立って長い頭胸部をもっている．第1歩脚の対は鋏を備えている．第2歩脚の対は明らかな体節形成を示し，第1歩脚同様，鋏を備えている．第2歩脚の右の歩脚は左の歩脚より著しく長い．ブラクラ属はきわめてまれである．

(255) *Blaculla sieboldi* Oppel, 1862
(256) *Blaculla nikoides* Münster, 1839

ボムブル属 *Bombur* おそらくボムブル属は考えられているほどめずらしくない．見落とされたか，他の甲殻類の幼生相と見誤られた可能性が高い．ボムブル

甲殻類 91

(251) アントリムポス・インテルメディウス　アイヒシュテット産，11 cm，フリックヒンガー氏蔵（ミュンヘン）

(252) アントリムポス・マイヤーリ　ゾルンホーフェン産，11 cm，フリックヒンガー氏蔵（ミュンヘン）

(253) アントリムポス・スペキオスス　アイヒシュテット産，23 cm，フリックヒンガー氏蔵（ミュンヘン）

(254) アントリムポス・スペキオスス　アイヒシュテット産，22 cm，キュムペル氏蔵（ヴッパータール）

(255) ブラクラ・ジーボルティ（保存状態のよい歩脚を伴う）　アイヒシュテット産，4 cm，バイエルン州立古生物学博物館（ミュンヘン）

(256) ブラクラ・ジーボルティ（保存状態のよい背甲を伴う）　シェルンフェルト産，**1.5 cm**，ルドヴィヒ氏蔵（シュトゥットガルト）

(257) ボムブル・コムプリカトゥス　ゾルンホーフェン産，**3 cm**，バイエルン州立古生物学博物館（ミュンヘン）

属は小型で，短い頭胸部をもち，そこからより長く，通常はひどく曲がった半身が突出している．眼上棘はあまり発達していない．

(257) *Bombur complicatus* Münster, 1839

ビルギア属 *Bylgia*　この属は一般に最も少ないもののひとつである．若干の種の記載がある．それらの種は，眼上棘を比べることで難なく区別できる．これらの棘には目立った刻み目があり，棘は上方を向く．短く，深い頭胸部も注目される．

(258) *Bylgia haeberleini* Münster, 1839
(259) *Bylgia hexadon* Münster, 1839
(260) *Bylgia spinosa* Münster, 1839

ドゥロブナ属 *Drobna*　眼上棘は深くV字型の刻み目をもち，雄鶏のとさかのように上方に隆起している．

(258) ビルギア・ヘーベルライニ　アイヒシュテット産，**7 cm**，フリックヒンガー氏蔵（ミュンヘン）

(259) ビルギア・ヘクサドン　アイヒシュテット産，**10 cm**，フリックヒンガー氏蔵（ミュンヘン）

甲殻類 ● 93

(260) ビルギア・スピノサ　アイヒシュテット産，9 cm，フリックヒンガー氏蔵（ミュンヘン）

(261) ドゥロブナ・デフォルミス　アイヒシュテット産，9 cm，ライヒ氏蔵（ボーフム）

この特色だけでドゥロブナ属は間違いようがなくなる．頭胸部は短く，厚い．頭胸部から伸びている体後部は，膝状体となっている．これも，また，きわめてまれな甲殻類のひとつである．

(261) *Drobna deformis* Münster, 1839

　ドゥサ属 *Dusa*　眼上棘は短く，繊細な鋸歯状である．みごとな砂目を示す頭胸部は短い．第2触角の対は著しく長い．第3歩脚の対は他の対の歩脚より長く，脚の末端は特徴的な鋏になっている．2種が設けられている．ドゥサ属もまれな甲殻類である．

(262) *Dusa denticulata* Münster, 1839
(263) *Dusa monocera* Münster, 1839

(262) ドゥサ・デンティクラタ　アイヒシュテット産，8 cm，シュヴァイツァー氏蔵（ランゲンアルトハイム）

　ヘフリガ属 *Hefriga*　かなり一般的である．この甲殻類の眼上棘は長く，ほんの浅い刻み目がある．最初の2対の歩脚は小さな鋏をもつ．第3歩脚の対が最も

(263) ドゥサ・モノケラ　アイヒシュテット産，10 cm，ジュラ博物館（アイヒシュテット）

長い．通常，体の後半部はひどく曲がっている．

(264) *Hefriga serrata* Münster, 1839

ラウナ属 *Rauna* この小さな，一般的でない甲殻類は特徴的な長い遊泳脚をもっている．

(265) *Rauna angusta* Münster, 1839

ウドラ属 *Udora* 歩行脚は刺毛を備えているが，鋏はない．頭胸部は中型から大型で，短く，繊細な鋸歯状の眼上棘で終わっている．

(264) ヘフリガ・セラタ　アイヒシュテット産，4 cm，テイラー博物館（オランダ，ハーレム）

(265) ラウナ・アングスタ　アイヒシュテット産，5 cm，バイエルン州立古生物学博物館（ミュンヘン）

(266) ウドラ・ブレヴィスピナ　アイヒシュテット産，6 cm，フリックヒンガー氏蔵（ミュンヘン）

(266) *Udora brevispina* Münster, 1839

ウドレラ属 *Udorella* 短い頭胸部をもつこの甲殻類は，ウドラ属よりは小さいらしい．他の脚はかなり短いのだが，遊泳脚は比較的長い．体後部は長かったらしい．ウドラ属とウドレラ属は比較的に稀少である．

(267) *Udorella agassizi* Oppel, 1862

未命名の小型エビ類 最初みただけでは，この小さな甲殻類はドッサ属と見誤られるかもしれない．しかし，この標本では対の第 1 歩脚だけが長く，鋏を備えている．さらに，鋏の半分は残り半分と平行ではない．上半分はより短く，下半分は弓のように曲がっている．この標本はこれまで記載されていない属を示すものと思われる．

(268) 未命名の小型エビ類

未命名の小型エビ類 見た人はまずビルギア属を連想するが，この鋏は異なった形をしている．おそらくこの標本は，他の属か，少なくとも以前には記載されていない種に属している．

(269) 未命名の小型エビ類

(267) ウドレラ・アガシー　ケルハイム産，7 cm，バイエルン州立古生物学博物館（ミュンヘン）

(268) 未命名の小型エビ類　ブルーメンベルク産，5 cm，ヴルフ氏蔵（レーデルゼー）

甲殻類 ● 95

(269) 未命名の小型エビ類　シュランデルン産，4.5 cm，ヴルフ氏蔵（レーデルゼー）

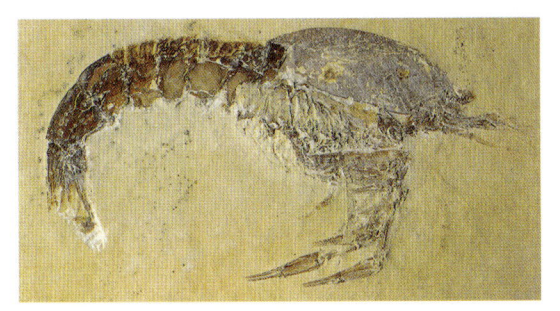

(270) 未命名の小型エビ類　アイヒシュテット産，11 cm，クラウス氏蔵（ヴァイセンブルク）

(271) 未命名の小型エビ類　ブルーメンベルク産，8 cm，ヴルフ氏蔵（レーデルゼー）

(272) 未命名の小型エビ類　アイヒシュテット産，9 cm，ヴルフ氏蔵（レーデルゼー）

(273) 未命名の小型エビ類　ツァント産，5 cm，ヴルフ氏蔵（レーデルゼー）

(274) 未命名の小型エビ類　ヴェークシャイト産，8 cm，キュムペル氏蔵（ヴッパータール）

未命名の小型エビ類　頭胸部はブラクラ属に似ている．脚部と特にその大きさは，この標本もこれまで記載されていない属に入るらしいことを示唆している．
(270) 未命名の小型エビ類

未命名の小型エビ類　この中ぐらいの大きさの小型エビ類はそのほっそりした背甲で注意を引く．
(271) 未命名の小型エビ類

未命名の小型エビ類　この小型エビ類は頭部装飾から判断してドゥロブナ属 *Drobna* に入るかもしれない．
(272) 未命名の小型エビ類

未命名の小型エビ類　この小型エビ類は，眼上棘に関しては上記のものに似ているが，これは独自の種を表しているかもしれない．小型であるにもかかわらず，頭胸部は7体節からなっている．そこで両方を図示し，吟味する．
(273) 未命名の小型エビ類

未命名の小型エビ類　引き締まった体で，幅の広い眼上棘ときわめて小さな鋏が最も印象的である．
(274) 未命名の小型エビ類

大型エビ類 Lobsters

これらの甲殻類はすべて歩行性のエビで，砂や岩石の裂け目の中に隠れる種類と底生種を含んでいる．その甲皮は筒状か，幅広で扁平かのいずれかである．最も強力な鋏は対の第1歩脚にあり，それに続く対の，第2と第3の歩脚の鋏はより小さい．石版石石灰岩では，歩行性のエビは遊泳性のものに比べてはるかに少ない．ひとつの属，長い脚をもつ甲殻類メコキルス属 *Mecochirus* だけがここではよく発見されている．メコキルス属は石版石石灰岩で最も特徴的な化石とみなすことができる．採石場の労働者間ではメコキルス属を親愛の念をこめたあだ名で「シュノーガックル Schnorgackl」とよんでいる．

カンクリノス属 *Cancrinos* 頭胸部は短く，著しくざらざらしている．動物全体はいくぶん太ってみえる．触角は円錐形で長く，先細りしている．強力な歩脚には鋏がなく，この甲殻類が植物食だった可能性を示している．カンクリノス属はおそらくこの地方では最もまれな甲殻類で，世界的にみてもきわめて少数の標本しか発見されていない．
（275,276）*Cancrinos claviger* Münster, 1839

図275で，すでにカンクリノス属の十分に満足できる実例を示した．しかし，触角が非常によく保存されていれば，その触角で容易に区別できるふたつの種がある．これまで2番目の種であるラティペス種 *C. latipes* には，このような事例がなかった．2枚の紫外線写真は，その違いを際立たせている．ラティペス種はクラーウィゲル種 *C. claviger* よりも触角が太く，性的二型性に起因するものと思われている．この大型エビ類はきわめてまれで，この問題を解決できるだけの十分な比較標本は見つからないだろう．
（277）*Cancrinos claviger* Münster, 1839

（276）カンクリノス・クラーウィゲル（上面） アイヒシュテット産，14 cm，ティシュリンガー氏蔵（シュタムハム）

（275）カンクリノス・クラーウィゲル アイヒシュテット産，20 cm，ベルゲル博物館（ハルトホーフ）

甲殻類 97

(278) *Cancrinos latipes* Münster, 1839

キクレリオン属 *Cycleryon*　円形の頭胸部は見誤りようがない．その上半部を2本の深い刻み目が横切っている．長い鋏は前部で相互に重なり合っている．強く，現生のカニ類と同様，よく発達した脚で比較的速く動けた．キクレリオン属はたぶん軟体動物を食べていた．この属は以前はコレイア属 *Coleia* として知られていた．いくつかの容易に区別できる種が記載され

(277) カンクリノス・クラーウィゲル　ヴォルカースツェル産，13 cm，ジュラ博物館（アイヒシュテット）

(278) カンクリノス・ラティペス　アイヒシュテット産，10.3 cm，ジュラ博物館（アイヒシュテット）

(279) キクレリオン・エロンガトゥス　アイヒシュテット産，5 cm，ゼンケンベルク自然史博物館（フランクフルト・アム・マイン）

(280) キクレリオン・オルビクラトゥス　ゾルンホーフェン産，10 cm，テイラー博物館（オランダ，ハーレム）

(281) キクレリオン・プロピンクウス　アイヒシュテット産，12 cm，マクスベルク博物館（ゾルンホーフェン）

(282) キクレリオン・プロピンクウス（下面）　ミュールハイム産，19 cm，ルドヴィヒ氏蔵（シュトゥットガルト）

(283) キクレリオン・スピニマヌス　ゾルンホーフェン産，16 cm，ティシュリンガー氏蔵（シュタムハム）

ている．スピニマヌス種 *C. spinimanus* は，歯のある鋏で識別できる．

(279) *Cycleryon elongatus* Münster, 1839
(280) *Cycleryon orbiculatus*（Münster, 1839）
(281,282) *Cycleryon propinquus*（Schlotheim, 1822）
(283) *Cycleryon spinimanus*（Germar, 1827）

エリマ属 *Eryma* より小型の歩行性のエビ類のひとつである．その力強い鋏で比較的大きな獲物さえ捕らえられたにちがいない．頭胸部は卵形で，前方が先細りする．きわめて多数の小さな標本が発見されてきたが，これらはおそらく幼体である．多くのものが後半身を内側に強く曲げ，側面からみると特にそうである．うつ伏せの位置で保存されている化石は，一般的に尾扇が広く拡がっている．この小さな動物のひとつ（エリマ・エロンガタ *E. elongata*）は，特に注目に値する．狭い後半身と湾曲した鋏は間違いようのない特徴で，湾曲した鋏は特にそうある．

(284) *Eryma elongata*（Münster, 1839）

(284) エリマ・エロンガタ　アイヒシュテット産，2 cm，シェーファー氏蔵（キール）

(285) エリマ・モデスティフォルミス（側面観）　ブルーメンベルク産，6 cm，バイエルン州立古生物学博物館（ミュンヘン）

(286) エリマ・モデスティフォルミス（背面）　アイヒシュテット産，3.5 cm，シュミット氏蔵（フランクフルト・アム・マイン）

(285,286) *Eryma modestiformis* Schlotheim, 1822

エリオン属 *Eryon* キクレリオン属と同様，この動物もカニ類に似た甲殻類である．扁平な体はほとんど四角の頭胸部に覆われている．頭胸部の両側には，まるみをおびて下方へ向かうふたつの深い刻み目がある．ほっそりとして比較的弱い鋏は，軟体動物を餌にしていたことを暗示している．尾扇は3個の突端と，両外側の半円形の要素から構成されている．

(287,288) *Eryon arctiformis*（Schlotheim, 1820）

(287) エリオン・アルクティフォルミス　アイヒシュテット産，9.5 cm，フリックヒンガー氏蔵（ミュンヘン）

(288) エリオン・アルクティフォルミス（腹面） アイヒシュテット産，8 cm，シュヴァイツァー氏蔵（ランゲンアルトハイム）

エタロニア属 *Etallonia* 筒状の甲皮と，太い脚の末端に強力な鋏をもつ小型の甲殻類である．それぞれの鋏の上面には1本のたくましい棘が，下面には2本の先の尖った刻み目がある．体後部は通常は屈曲位で化石化している．エタロニア属の標本は非常にまれである．
(289) *Etallonia longimana*（Münster, 1839）
(290) 未命名の甲殻類

グリファエア属 *Glyphaea* 頭胸部の表面にみられる特異な模様で注目される．前部にある分散し，はっきりしたいぼは後方へ向かうとともに徐々に通常の粒状性のものに変わる．大きな第1歩脚に鋏がなく，かわりに動く鉤爪があることも注目に値する．おそらくこの底生の甲殻類が海底を掘り進む助けになっただろう．
(291) *Glyphaea pseudoscyllarus*（Schlotheim, 1822）
(292) *Glyphaea tenuis* Oppel, 1862

クネベリア属 *Knebelia* 先にあげたエリオン属に似ているが，頭胸部は長くてまるい．頭胸部は前方に向かって先細りし，後部のくぼみは深く，半円形になる．尾扇は尖った中央要素と，その両側各2個のまるみの

(289) エタロニア・ロンギマナ アイヒシュテット産，2.5 cm，バイエルン州立古生物学博物館（ミュンヘン）

(290) 未命名の甲殻類（エタロニア属？） アイヒシュテット産，7 cm，フリックヒンガー氏蔵（ミュンヘン）

(291) グリファエア・プセウドスキラルス ツァント産，4 cm，リューデル氏蔵（ミュンヘン）

(292) グリファエア・テヌイス ツァント産，3.5 cm，ティシュリンガー氏蔵（シュタムハム）

(295) マギラ・ラティマナ　ツァント産，4.5 cm，リューデル氏蔵（ミュンヘン）

(293) クネベリア・ビロバタ　ランゲンアルトハイム産，10 cm，リューデル氏蔵（ミュンヘン）

(296)「マギラ」属の種　アイヒシュテット産，3 cm，シェーファー氏蔵（キール）

る．図296に示した未記載の標本は，体がより小さく，鋏が棘状である点に違いがある．

(295) *Magila latimana* Münster, 1839
(296) *"Magila"* sp.

メコキルス属 *Mecochirus*　石版石灰岩で特徴的な甲殻類である．その第1歩脚には見誤りようのない特徴がある．「長い腕のエビ類」という名のとおり，これらの歩脚は著しく長い．頭胸部が十分に保存されていることはあまりない．おそらく，他の甲殻類の頭胸部ほど丈夫ではなかったためだろう．メコキルス属は穴の中で暮らしていた可能性が最も高いが，砂の堆積物中に埋もれ，そこから触角と長い腕だけを伸ばして獲物の位置を探り，捕らえていたとも考えられる．ブレヴィマヌス種 *M. brevimanus* の第1歩脚ははるかに短い．バジェリ種 *M. bajeri* はその長い体と，長さが中程度の対の「腕脚」で区別される．

(297) *Mecochirus bajeri* Münster, 1839
(298) *Mecochirus brevimanus* Münster, 1839

(294) クネベリア・シュベルティ　ヴェークシャイト産，2.5 cm，ルドヴィヒ氏蔵（シュトゥットガルト）

ある要素で構成されている．

(293) *Knebelia bilobata*（Münster, 1839）
(294) *Knebelia schuberti*（Meyer, 1826）

マギラ属 *Magila*　小型の甲殻類で，ほぼロブスター状の鋏がある．その次の対の歩脚は，小さな鋏状の付属肢しかもっていない．筒状の頭胸部を側面からみるとほとんど丸まってみえる．体後部は通常曲がってい

(297) メコキルス・バジェリ　ゾルンホーフェン産，**19.5 cm**，ティシュリンガー氏蔵（シュタムハム）

(298) メコキルス・ブレヴィマヌス　アイヒシュテット産，**6 cm**，ティシュリンガー氏蔵（シュタムハム）

(299) メコキルス・ロンギマナトゥス（背面）シェルンフェルト産，**19 cm**，市立ミュラー博物館（ゾルンホーフェン）

(299-301) *Mecochirus longimanatus*（Schlotheim, 1820）

　最後に，よりよく保存されたこの標本を価値のあるものとして図示した．

(302) *Mecochirus brevimanus* Münster in Bronn, 1836

ノドプロソポン属 *Nodoprosopon*　小さく，非常にまれな甲殻類で，筒状の頭胸部は先細りして，短くて太い2葉の眼上棘になる．

(303) *Nodoprosopon heydeni*（Meyer, 1842）

パラエアスタクス属 *Palaeastacus*　短い頭胸部の末端はほっそりとした眼上棘で終わる．極度に強力な鋏と，武装を欠く歩脚は区別上の特徴になる．鋏と背甲は鋭く先の尖ったぼで飾られている．この甲殻類は，以前はエリマ属 *Eryma* に含まれていた．

甲殻類 ● 103

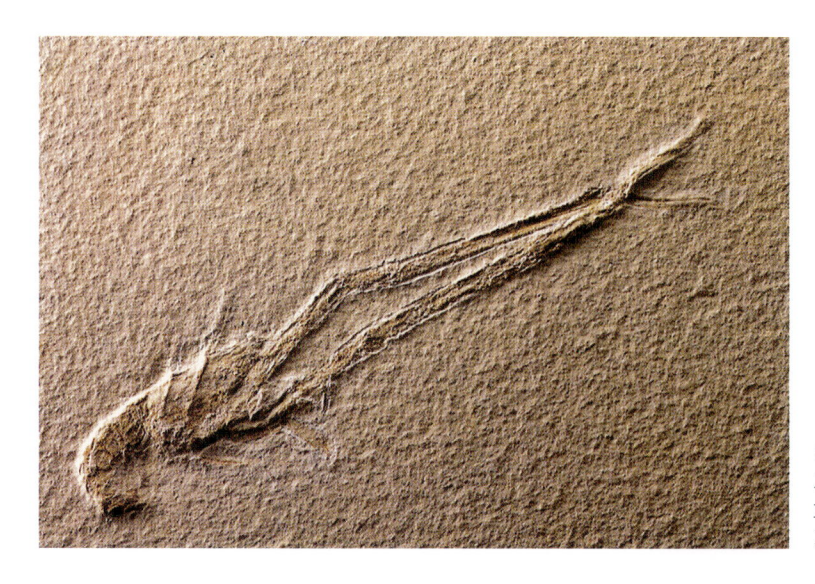

(300) メコキルス・ロンギマナトゥス（側面）　アイヒシュテット産，17 cm，フリックヒンガー氏蔵（ミュンヘン）

(301) メコキルス・ロンギマナトゥス（幼体）　アイヒシュテット産，5 cm，クラウス氏蔵（ヴァイセンブルク）

(303) ノドプロソポン・ハイデニ　トルライテン産，1.4 cm，バイエルン州立古生物学博物館（ミュンヘン）

(302) メコキルス・ブレヴィマヌス　アイヒシュテット産，6 cm，フェルトハウス博士蔵（ミンデン）

(304) パラエアスタクス・フキフォルミス（背面）　ツァント産，5.5 cm，ルドヴィヒ氏蔵（シュトゥットガルト）

(305) パラエアスタクス・フキフォルミス（側面） ツァント産，4 cm，リューデル氏蔵（ミュンヘン）

(306) パラエオパグルス属の種　ツァント産，2.4 cm，ヴルフ氏蔵（レーデルゼー）

(307) パラエオペンタケレス・レデンバッヘリ　アイヒシュテット産，7 cm，ヘンネ氏蔵（シュトゥットガルト）

(308) パラエオポリケレス・ロンギペス　ヴィンタースホーフ産，5.5 cm，INTERFOSS コレクション（ミュンヘン）

（304, 305）*Palaeastacus fuciformis*（Schlotheim）

パラエオパグルス属 *Palaeopagurus*　不幸なことにこのヤドカリ類は太い鋏だけが残っていて，体部は不明瞭な輪郭しかみられない．硬部を欠いているため保存されなかったのだろう．これまでヤドカリ類はゾルンホーフェン層では知られていなかった．

（306）*Palaeopagurus* sp.

パラエオペンタケレス属 *Palaeopentacheles*　比較的小さい，カニ類に似た甲殻類で，頭胸部は先の尖ったアーチに似ている．触角と眼のための切り込みは頭胸部の前端にみられる．繊細な刻み目が頭胸部側面に認められる．対の第1歩脚は大きく，幅も広い．比較的長い鋏は，その内縁にそって鋸歯状になっている．尾扇は先の尖った中央の体節とその両側に2個ずつあるまるみをもった外側要素で構成されている．この甲殻類はきわめてめずらしいもののひとつである．

（307）*Palaeopentacheles redenbacheri*（Münster, 1839）

パラエオポリケレス属 *Palaeopolycheles*　この属はパラエオペンタケレス属と非常によく似ているが，頭胸部はより狭く，前方に向かって幅広くなる．眼の切れ込みはよくわかる．第1歩脚は幅が狭く，きゃしゃな鋏が先端にある．この甲殻類はパラエオペンタケレ

ス属より,さらにまれである.
(308) *Palaeopolycheles longipes* (Fraas, 1885)

パラエオポリケレス属はよりほっそりとした背甲と小歯のある鋏で区別される.この甲殻類は極端に少ないもののひとつである.
(309) *Palaeopolycheles longipes* (Fraas, 1885)

パリヌリナ属 *Palinurina* 対の第2触角が著しく長い.歩脚には鋏がない.狭い頭胸部は粗い粒状の表面構造をもっている.脚は側方の切れ込みから出る.パリヌリナ属はしばしばその後半部を背甲の下に隠すような姿勢で埋まっている.より短い触角とより狭い頭胸部をもつ個体がみられることがある.これらの個体が単にパリヌリナ属の幼体なのか,独自の属に分類されるべきなのかという問題にはまだ答が出ていない.
(310) *Palinurina longipes* Münster, 1839
(311) *Palinurina* sp.

フリクティソマ属 *Phlyctisoma* この甲殻類は筒状で,前方でまるみをもち,一様に粒状の飾りのある頭胸部をもっている.第1歩脚は比較的短いが幅は広く,強力な鋏を備えていた.尾扇は先の尖った中央の体節とその両側に2個ずつあるまるみをもった外側要素が並んで構成されている.この甲殻類は,以前はエリマ属 *Eryma* に分類されていた.

(310) パリヌリナ・ロンギペス アイヒシュテット産, 8cm, フリックヒンガー氏蔵(ミュンヘン)

(311) パリヌリナ属の種 ツァント産, 3.5cm, リューデル氏蔵(ミュンヘン)

(309) パラエオポリケレス・ロンギペス アイヒシュテット産, 3.5cm, ヴルフ氏蔵(レーデルゼー)

(312) フリクティソマ・ミヌタ ツァント産, 6cm, リューデル氏蔵(ミュンヘン)

(312) *Phlyctisoma minuta*（Schlotheim, 1822）

プセウダスタクス属 *Pseudastacus* 筒状の背甲は明らかな眼上棘で終わっている．対の第1歩脚は大きく，ほっそりとした鋏を帯びている．体後部は通常曲がっている．この動物はより小型の甲殻類のひとつである．
(313) *Pseudastacus pustulosus*（Münster, 1839）

ステノキルス属 *Stenochirus* プセウダスタクス属に酷似している．第1歩脚がこのふたつの属を区別する助けになる．その脚はほっそりしており，きわめて長く細めの鋏をもつ．ステノキルス属もより小型の甲殻類の中に入る．2種が記載されている．マイヤーリ種 *St. mayeri* は繊細な体をもち，アングストゥス種 *St. angustus* は強力な鋏で武装している．
(314) *Stenochirus angustus*（Münster, 1839）
(315) *Stenochirus mayeri* Oppel, 1862

　ここでは側面を示す．
(316) *Stenochirus angustus*（Münster, 1839）

未命名の大型エビ類 短く，引き締まった体をもつ．強力な鋏は特徴的な形をしている．
(317) 未命名の大型エビ類

未命名の大型エビ類 鋏だけ．どんな種がこれほど大きな鋏をもっていたのだろうか．
(318) 未命名の大型エビ類の鋏

(315) ステノキルス・マイヤーリ　ゾルンホーフェン産，4 cm，バイエルン州立古生物学博物館（ミュンヘン）

(313) プセウダスタクス・プストゥロスス　アイヒシュテット産，7 cm，フリックヒンガー氏蔵（ミュンヘン）

(316) ステノキルス・アングストゥス（側面）　ツァント産，5.5 cm，ウルフ氏蔵（レーデルゼー）

(314) ステノキルス・アングストゥス　フロンハイム産，4.5 cm，バイエルン州立古生物学博物館（ミュンヘン）

(317) 未命名の大型エビ類　アイヒシュテット産，3 cm，シェーファー氏蔵（キール）

未命名のカニ類 外観がある種のカニ類に似ている非常に小さな動物である．まるい体と突出した脚，鋏をもつふたつの腕のすべては，この動物が実はカニ類だったのではないかと思わせる．しかし，真のカニ類は上部ジュラ系の地層からは出るはずがないので，何らかの最終的な結論を引き出すためには，よりいっそうの研究が必要となるだろう．

(319) 未命名のカニ類

(318) 未命名の大型エビ類の鋏　アイヒシュテット産，8 cm，キュムペル氏蔵（ヴッパータール）

(319) 未命名のカニ類　ツァント産，1.5 cm，リューデル氏蔵（ミュンヘン）

シャコ類 Mantis Shrimps

シャコ類（口脚類 Stomatopoda）はトゲエビ類 Hoplocaria とよばれる非常に注目すべき，特異な甲殻類のグループに属している．これらの動物は，通常，長い体とふたつの動く前部体節からなる頭部をもっている．背甲は前胸部の体節のまわりだけにある．眼は眼柄の上についている．対の第2～第5胸脚は可動性で，先端に鉤爪があり，第2胸脚は獲物を捕らえるためしばしば大型化している．長い体後部は，その縁にそって剛毛か棘のある尾扇で終わっている．石版石石灰岩で見つかっているのはかなり一般的ではない1属だけである．

スクルダ属 *Sculda*　体前部は畝状の模様で飾られた短く薄い背甲で防備されている．上からみると，スクルダ属は頭に「ヴェール」をかぶっているようにみえる．体後部は環節に平行に並んだ小歯状突起で覆われている．体の後端はいろいろな大きさの多数の棘で飾られている．歩脚と獲物を捕らえることに使った脚は体に覆われているため，大きくなった対の泳脚しかみえない．2種が記載されている．スピノサ種 *Sc. spinosa* はペンナタ種 *Sc. pennata* に比べ著しく幅が広くて大きい．

（320）*Sculda pennata* Münster, 1839
（321）*Sculda spinosa* Kunth, 1870

未命名のシャコ類　この動物は石版石石灰岩では，まだ記載されていない．多くの類似点はスクルダ属を思わせるが，大きさだけをとっても，この標本は未知の属にちがいないことを示している．

（322）未命名のシャコ類

（321）スクルダ・スピノサ　アイヒシュテット産，3cm，バイエルン州立古生物学博物館（ミュンヘン）

（322）未命名のシャコ類　アイヒシュテット産，10cm，クラウス氏蔵（ヴァイセンブルク）

（320）スクルダ・ペンナタ　ツァント産，2.5cm，レシュ氏蔵（クラウスタル・ツェラーフェルト）

甲殻類の幼生 Larvae of Crustaceans

きわめて多くの化石甲殻類が発見されているので，未成体だけではなく，幼生も保存されていると知っても驚くにはあたらない．それにもかかわらず，これらの繊細な遺物が最終的に幼生の甲殻類と認められるまでには多くの年月が経過した．

まず人々は幼生を皆脚類 Pantopoda と間違えた．2本の脚が失われていたり，保存状態が悪かったりすると，幼生の化石はクモ類と混同されやすくなる．メクラグモ類と似ているため，その誤りはいっそう多くなった．こういった多数の幼生が記載されてきたが，特定の幼生を産んだ成体の甲殻類を決定できることは例外的である．

学名が変更される可能性がある．また，実際にはまったく同一の種の，さまざまな年齢段階の個体にすぎないにもかかわらず，それぞれの標本に属名が与えられている可能性もある．

アントネマ属 Anthonema この甲殻類の幼生は論争の対象になっている．個体の大きさはめったに1cmをこえない．一方の端は幅が1.5mmに達することもあるが，他端は1点に向かって先細りしている．「後ろ」の部分が体節で，「前」の部分が頭胸甲の初期段階と考えられるかもしれない．アントネマ属はこの地域ではあまり発見されないが，近隣の他地域では多量に発見されている．

(323) *Anthonema problematicum* Walther, 1904

クラウソカリス属 Clausocaris この生物がもっと小さければ，介形虫 Ostracoda と考えるのが妥当だろう．ふたつの薄い「殻」がこの動物を閉じこめている．体と脚の基点はすぐ見分けられる．この動物は以前は甲殻類の幼生であると信じられていた．現在はクラウソカリス・リトグラフィカ *Clausocaris lithographica* の名で，絶滅した袋頭類 Thylacoceohala のグループに含められている．マイロカリス属との相違点は殻の形が違っている点である．

(324) *Clausocaris lithographica* (Oppenheim, 1888)

「ドリコプス」属 "Dolichopus" 小さく，明らかに分節した体をもっている．10本の長く細い脚が容易に識別できる．「ドリコプス」属という名称は無効で，暫定的な位置づけに使うべきであろう．

(325) *"Dolichopus" tener* Walther, 1904

マイロカリス属 Mayrocaris 図326は以前 *"Clausia"* sp. とされたいた．図327の標本はそのよりよい保存状態が付加的な重要性をもつものとして提示した．

(326) *Mayrocaris bucculata* Polz, 1994

(324) クラウソカリス・リトグラフィカ　アイヒシュテット産，3.5cm，リューデル氏蔵（ミュンヘン）

(323) アントネマ・プロブレマティクム　アイヒシュテット産，0.4cm，ティシュリンガー氏蔵（シュタムハム）

(325) 「ドリコプス」・テナー　ヴィンタースホーフ産，8cm，ジュラ博物館（アイヒシュテット）

● 甲殻類

（326）マイロカリス・ブックラータ　ツァント産，2.2 cm，ポルツ氏蔵（ガイセンハイム）

（328）ナランダ・アノマラ　ツァント産，3.3 cm，リューデル氏蔵（ミュンヘン）

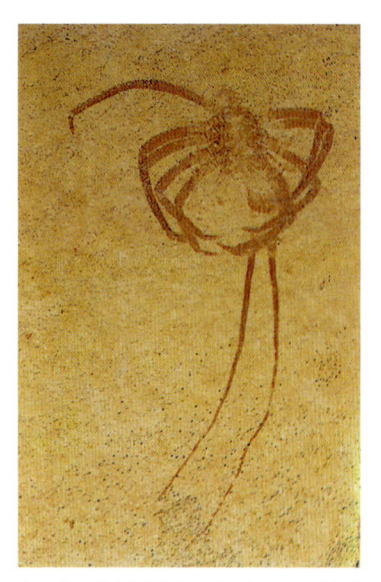

（327）マイロカリス・ブックラータ　ツァント産，2.2 cm，ポルツ氏蔵（ガイセンハイム）

（329）パルピテス・クルソル　アイヒシュテット産，6 cm，ベルゲル博物館（ハルトホーフ）

（327）*Mayrocaris bucculata* Polz, 1994

ナランダ属 *Naranda*　この小さくほっそりとした動物は甲殻類の幼生かもしれない．しかし，決定的な結論は出せない．

（328）*Naranda anomala* Münster, 1842

パルピテス属 *Palpites*　最近の研究では，この動物はパリヌリナ属 *Palinurina* の幼生段階を示すものと示唆されている．脚の特徴的な位置と極度に長い触角がこの推定を支えている．

（329）*Palpites cursor* Roth, 1851

ファランギテス属 *Phalangites*　この幼生甲殻類の体盤はまるい．エリオン類の幼生であろう．これはかつてダニ類と誤られた幼生の典型的な一例である．

（330）ファランギテス・プリスクス　ブルーメンベルク産，4.5 cm，ジュラ博物館（アイヒシュテット）

(330-332) *Phalangites priscus* Münster, 1836

フィロソマ属 *Phyllosoma* ファランギテス属にいくぶん似た点もあるが，より卵形の体をもつ点で異なるとされた．最近ではフィロソマ属はファランギテス属の単なる異名だと考えられている．

ポルツ Polz 氏によって，新しいイセエビ類 palinurid の幼生が「フィロソマ属（D 型）」として学名未決定のままで発表された．この標本は紫外線写真に撮った頭部を示している．

(333) "*Phyllosoma* sp. form D" in Polz, 1995

未命名の甲殻類幼生 長く伸びた体と，著しく厚い脚基部をもつ未命名の甲殻類幼生．

(334,335) 未命名の甲殻類幼生

未命令の甲殻類幼生 10 本の脚をもつこのような節足動物は，かなりな確実さで十脚類 decapod の甲殻類に属すると一般に想定される．大きさから結論すると，これは幼生になる．しかし，他の特徴はこの判定に反しているため，図示して言及しておくことが賢明に思われる．

(336) 未命名の甲殻類幼生

(331) ファランギテス・プリスクス（立体状） アイヒシュテット産, 5.5 cm, シュミット氏蔵（フランクフルト・アム・マイン）

(333)「フィロソマ属（D 型）」 アイヒシュテット産, 6 cm, ポルツ氏蔵（ガイセンハイム）

(332) ファランギテス・プリスクス アイヒシュテット産, 3 cm, ベルゲル博物館（ハルトホーフ）

(334) 未命名の甲殻類幼生 アイヒシュテット産, 11 cm, シュミット氏蔵（フランクフルト・アム・マイン）

112 ●甲殻類

(335) 未命名の甲殻類幼生　アイヒシュテット産, 12 cm, ヘンネ氏蔵（シュトゥットガルト）

(336) 未命名の甲殻類幼生　ツァント産, 2 cm, ヴルフ氏蔵（レーデルゼー）

昆虫類 Insects

　最初の有翅昆虫類はデボン紀後期に進化したと考えられる．より古い地層ではまだ化石が発見されていないためである．昆虫類は彼らが遭遇したあらゆる環境を，事実上迅速に征服し，巨大型が進化した．たとえば，石炭紀のトンボ類メガネウラ属 *Meganeura* は翅開長が 70 cm あった．しかし，進化史の中でしばしばみられるように，巨大型は結局衰えた．石版石石灰岩の時代であるジュラ紀後期までに，最大の昆虫の翅開長は 20 cm どまりになっていた．現在，約 100 万種の昆虫が知られているが，まだ発見されず，記載されていないものがはるかに多く残っている．このように昆虫類は動物界最大のグループを構成している．昆虫類は「インセクト（部分に分ける）」という名称を与えられているが，理由はその体が3つの異なった部分，つまり頭部・胸部・腹部に分けられているからである．これらの各体節は，程度の差はあるが，深い切れ込みで次の体節と分けられている．

　あまりにも多くの昆虫類が石版石石灰岩で発見されてきたので，必然的な疑問が起きてくる．昆虫たちはどのように潟湖に入ったかである．昆虫たちは3とおりある経緯のどれかひとつで潟湖に入った．すでに死んでいて，死後その死体が陸地から潟湖に流れ込んだというのが第一，潟湖の上空を飛び，湖面に降り，おぼれたというのが第二，そして，潟湖の汽水を魅力的な生息地と思い違いをした水生昆虫たちだったのではないかというのが第三である．

　しかし，実際には昆虫たちは潟湖や隣接した付近には生息していなかった．対応するはずの昆虫類の幼生化石が豊富にないことが，この事実を裏づけている．

　多くの昆虫類は同定が難しく，ここしばらく，多くの未解決の問題の答が出ないままになるだろう．キチン質自体は例外的な場合にしか残っていないが，研究に利用できるきわめて多数の印象化石がある．残念ながらそれらのすべてではないが，多くの印象化石にはきわめて申し分ない細部まで保存されている．古昆虫学者にとって生活を楽にするひとつの事実がある．多くの場合，成体の昆虫が大きくなりつづけることはない．たとえば，トンボ類や甲虫類についてそれがいえ，標本の大きさを信頼できる基準として使い，それに基づいて信頼性のある同定を行うことができる．埋もれた際のさまざまな型を考慮に入れると，大きさのうえでの顕著な違いは，それらの個体が異なった種に属しているのか，または同一種の性差である可能性を常に示しているのである．

カゲロウ類 Mayflies

　カゲロウ類 Ephemeroptera は石炭紀の時代にさかのぼる地層で発見されている．カゲロウ類の体は細く，尾の先端に2本の長い尾毛がある．成体の昆虫の一生はわずか数日で終わる．昆虫の世界全体からみても特異で驚くべき点は，カゲロウ類は翅が使えるようになった後も，さらに脱皮することである．

エムピディア属 *Empidia* 小さく非常に繊細な昆虫で，経験を積んだ目でなくては発見できないだろう．おそらく，現生のカゲロウ類と類縁である．
(337) *Empidia wulpi* Weyenbergh, 1869

ヘキサゲニテス属 *Hexagenites* この昆虫のほっそりとした体と2本の長い尾毛は見誤りようがない．前翅は体とほぼ同じ長さで，後翅は小さいままである．現生のカゲロウ類と酷似しており，カゲロウ類であることは疑いようがない．古い分類ではパエデフェメラ

(337) エムピディア・ヴルピ　アイヒシュテット産，2 cm，ビュルガー氏蔵（バート・ヘルスフェルト）

(338) ヘキサゲニテス・ケルロスス　アイヒシュテット産，6 cm，ビュルガー氏蔵（バート・ヘルスフェルト）

(339) ヘキサゲニテス属の種　シェルンフェルト産，4 cm，バイエルン州立古生物学博物館（ミュンヘン）

属 *Paedephemera* とメセフェメラ属 *Mesephemera* が使われたが，現在ではすべての個体が同じヘキサゲニテス属に組み込まれている．少なくとも2種が区別されている．3本の尾毛をもつ第三の種も，同じ属に含まれるかもしれない．

(338) *Hexagenites cellulosus* Hagen
(339) *Hexagenites* sp.
(340) 3本の尾毛のある未命名のカゲロウ類

ヘキサゲニテス属 *Hexagenites* がカゲロウ類に入れられているように，メセフェメラ属 *Mesephemera* もそこにあてはめられるかどうかが今でも議論されている．しかし，メセフェメラ属はカゲロウ類ではなく，しかもヘキサゲニテス・ケルロスス *Hexagenites cellulosus* が適用されるべきだという人もいる．

(340) 3本の尾毛のある未命名のカゲロウ類　アイヒシュテット産，5 cm，ビュルガー氏蔵（バート・ヘルスフェルト）

トンボ類 Dragonflies

　トンボ類 Odonata も石炭紀までさかのぼれる．それ以来，大きさ以外はほとんど変わっていないという事実は，トンボ類のつくりが成功だったことを証明している．トンボ類は水生の捕食者として幼生段階を経過し，数回脱皮し，最終的には成体の昆虫として水中から陸地へ出てくる．大きな眼と短い胸部体節が特徴である．体の後部は非常に長く，ふたつの短い尾の付属器で終わる．石版石石灰岩では多種のトンボ類が発見されており，その翅のすべての脈がはっきり見てとれるほど，非常によい保存状態にあることが多い．トンボ類の化石はこの地域では最も美しく，最も熱心に探されている化石の中に入る．相対的な大きさと，典型的な姿勢は各種の属を識別する特徴として利用できる．また，現生のトンボ類にはふたつの異なった休息姿勢がある．休息時に，一部の属は翅を拡げたままとまり，他の属は翅を体にそわせて閉じてとまる．おそらくこの行動はジュラ紀の間も同じだっただろう．

　過去数十年間，ある種の筆舌に尽くしがたい分類学上の混乱があった．非専門家にできたことは，博物館や個人コレクションでの同定を参考にするくらいのことだった．同一の属や種が，多様な名称で分類されていた．このような分類学の状況は素人を混乱させただけだった．数年前まで，石版石石灰岩から出る昆虫類を専門にし，その人から分類に関する情報を入手できるような科学者は見いだせなかった．トンボ類については，これまでに状況が変わった．現在ではこの分野に関心をもつ数人の専門家がいる．私も自分のゾルンホーフェン産トンボ類の分類法を見直す機会ができたが，必要なすべての手直しを考えるとぎょっとした．ここでは個々のトンボ類の属をみていきたい．

　アエスクニディウム属 *Aeschnidium*　1枚の翅の長さが4〜4.5cmの中型トンボ類で，翅開長は8〜9cmになる．翅は比較的幅広で，後翅が前翅より広い．
（341）*Aeschnidium densum*（Hagen, 1862）

　アエスクノゴムフス属 *Aeschnogomphus*　より大型のトンボ類のひとつである．翅幅は中庸で，非常にはっきりした目立つ脈がある．翅開長17〜20cm.
（342）*Aeschnogomphus intermedius*（Hagen, 1848）

　次の標本は並外れた保存状態で，22cmというめずらしい翅開長が注目に値する．この標本は新種を示す可能性がある．
（343）*Aeschnogomphus* sp.

　アエスクノプシス属 *Aeschnopsis*　翅開長は約7cmの中型トンボ類である．前翅は後翅より幅が広く，いずれもその細かな翅脈が目立っている．このトンボ類は一般的ではなかったらしい．
（344）*Aeschnopsis tischlingeri* Bechly, 1999

　アニソフレビア属 *Anisophlebia*　この属については書いておきたいことがある．翅の長さが10cmで，たくましい体のこのトンボ類は常に翅を背負うようにたたみ，発見されるといわれている．しかし，この一般的な見解は誤りである．翅を背負うようにたたんでいるいないにかかわらず，このような大きさはイソフレビア属にしか符合しない．アニソフレビア属の最大

(341) アエスクニディウム・デンスム アイヒシュテット産, 翅開長 8.8 cm, キュムペル氏蔵（ヴッパータール）

116 ● 昆虫類

(342) アエスクノゴムフス・インテルメディウス　ゾルンホーフェン産, 20 cm, フリックヒンガー氏蔵（ミュンヘン）

(343) アエスクノゴムフス属の種　アイヒシュテット産, 翅開長 22 cm, キュムペル氏蔵（ヴッパータール）

(344) アエスクノプシス・ティシュリンゲリ　アイヒシュテット産, 翅開長 7 cm, シェーファー氏蔵（ニュルンベルク）

昆虫類 ● 117

(345) アニソフレビア・ヘルレ　ゾルンホーフェン産，翅開長 15 cm，バイエルン州立古生物学・地史学博物館（ミュンヘン）

の翅長は 7.5 cm，体長は 9 cm である．事実，より小型だという点で，アニソフレビア属は明らかにイソフレビア属と異なっている．アニソフレビア属が見つかるのはきわめてまれで，こういった状況のせいでこうした誤った説が生まれたのかもしれない．

(345) *Anisophlebia helle* (Hagen, 1862)

ベルゲリアエスクニディア属 *Bergeriaeschnidia*　この標本は，アエスクニディウム属 *Aeschnidium* と若干

(346) ベルゲリアエスクニディア属の種　アイヒシュテット産，6 cm，ライヒ氏蔵（ボーフム）

(347) ベルゲリアエスクニディア属の種（2標本を含む石板）　アイヒシュテット産，7 cm，グラウプナー氏蔵（プラネック）

(348) ベルゲリアエスクニディア・アブスキサ　アイヒシュテット産，翅開長 12 cm，ビュルガー氏蔵（バート・ヘルスフェルト）

の類似点を示す．翅の長さは 5.6 〜 5.8 cm で，翅開長は約 12 cm と推定される．後翅は前翅に比べて非常に幅が広い．

（346, 347）*Bergeriaeschnidia* sp.

（348）*Bergeriaeschnidia abscissa*（Hagen, 1862）

キマトフレビア属 *Cymatophlebia* 古いが，有効とされた学名である．長い間，この属はリベルリウム属 *Libellulium* とよばれてきた．さらに，類似のメスロペタラ属 *Mesuropetala* の一種がこの名称でよばれていた．最もよく産出するトンボ類のひとつで，大規模な化石コレクションで欠けていることはないと思う．前翅は長さ 6 〜 7 cm に達し，後翅はいくぶん小さい．翅開長は 13 〜 14 cm である．若干の種が記載されて

（349）キマトフレビア・ロンギアラタ　アイヒシュテット産，翅開長 13 cm，シェーファー氏蔵（ニュルンベルク）

（350）キマトフレビア・ロンギアラタ（2 標本を含む石板）　アイヒシュテット産，12 cm，INTERFOSS コレクション（ミュンヘン）

（351）キマトフレビア・クエムペリ　ヴェークシャイト産，翅開長 14 cm，キュムペル氏蔵（ヴッパータール）

（352）エウファエオプシス・ムルティネルヴィス　ランゲンアルトハイム産，9 cm，ジュラ博物館（アイヒシュテット）

昆虫類 119

いる.
(349,350) *Cymatophlebia longialata*（Germar, 1839）
(351) *Cymatophlebia kuempeli* Bechly et al., 1999

エウファエオプシス属 *Euphaeopsis*　通常，後方に折りたたまれている翅は非常に繊細な翅脈をもち，体後部に比べると著しく短い．体長は約 9 cm で，個々の翅は 5～6 cm になる．
(352) *Euphaeopsis multinervis*（Hagen, 1862）

長い体と，むしろ短い翅をもち，その翅は通常半開きで発見される．体長は 9～10 cm に達する．個々の翅の長さは約 6 cm．
(353) *Euphaeopsis multinervis*（Hagen, 1862）

イソフレビア属 *Isophlebia*　アニソフレビア属に非常によく似ている．通常，翅は体にそって後方にたたまれ，体に比べていくらか長い．体長は 12 cm くらいの大きさになることがある．個々の翅の長さは 13～14 cm の間にある．
(354,355) *Isophlebia* sp.
(356,357) *Isophlebia aspasia*（Hagen, 1862）

(355) イソフレビア属の種　ヴィンタースホーフ産，**14 cm**，ライヒ氏蔵（ボーフム）

(353) エウファエオプシス・ムルティネルヴィス　アイヒシュテット産，**9.5 cm**，ライヒ氏蔵（ボーフム）

(354) イソフレビア属の種　アイヒシュテット産，**15 cm**，ベルゲル博物館（ハルトホーフ）

(356) イソフレビア・アスパシア　アイヒシュテット産，**13 cm**，バイエルン州立古生物学博物館（ミュンヘン）

120 ● 昆虫類

(357) イソフレビア・アスパシア　アイヒシュテット産，翅長 11 cm，カリオプ博士蔵（レーゲンスブルク）

マルモミルメレオン属 *Malmomyrmeleon*　この新種はすぐにはトンボ類として認められなかった．翅開長は 4.6 ～ 4.8 cm．ほとんどの場合，この種は翅を後方にたたんで発見されるが，時にはいくぶん翅を拡げるとか，翅を立てて保つとか，体の側面にたたみこむかして発見されたりもする．

(358,359) *Malmomyrmeleon viohli* Matínez-Delclòs & Nel, 1996

マルモミルメレオン属（?） *Malmomyrmeleon* (?)　ほっそりしたからだと長い翅が特徴的である．この昆虫類は，通常，その翅を上方で合わせた形で化石化している．この属もかなり一般的ではない．体長と個々の翅の長さはどちらも 7 cm である．このトンボ類はマルモミルメレオン属に類縁か，未記載の新種かもしれない．

(360) *Malmomyrmeleon* (?) sp.

メスロペタラ属 *Mesuropetala*　石版石石灰岩で発見されるトンボ類の中で最も美しいもののひとつである．これらのトンボ類はほとんど常にその比較的幅の広い翅をいっぱいに拡げて化石化している．翅開長は 10 ～ 13 cm の間にある．この昆虫類はその翅脈が酸化鉄によって褐色を帯びて染められたとき，特に魅力

(358) マルモミルメレオン・ヴィオリ　アイヒシュテット産，翅長 4.8 cm，ブリンダート氏蔵（フィンネントロプ）

(359) マルモミルメレオン・ヴィオリ　アイヒシュテット産，4.9 cm，ベルゲル博物館（ハルトホーフ）

昆虫類 ● 121

(360) マルモミルメレオン属（?）の種　アイヒシュテット産，7 cm，ビュルガー氏蔵（バート・ヘルスフェルト）

(361) メスロペタラ属の種　アイヒシュテット産，11 cm，シュミット氏蔵（フランクフルト・アム・マイン）

がある．

(361) *Mesuropetala* sp.

　メスロペタラ属は稀少なもののひとつである．キマトフレビア属よりいくぶん短い翅と，長い体をもっている．翅開長は約 10 cm である．

(362) *Mesuropetala koehleri* (Hagen, 1848)

　一見しただけでは，このトンボ類はいくぶんキマトフレビア属に似ているように思える．しかし，その翅は 5 cm 以下にしかならない．このことからすると，最大の翅開長は 10 ～ 11 cm と結論できる．この種のトンボ 2 匹が入った石板を示した．若干の空想を加えると，この 2 匹は死んだ際，縦列（交尾飛行）だったとも考えられる．

(363) *Mesuropetala muensteri* (Germar, 1839)

(362) メスロペタラ・コエレリ　アイヒシュテット産，10 cm，ジュラ博物館（アイヒシュテット）

(363) メスロペタラ・ムエンステリ（2 標本を含む）　翅開長 10 cm，レシュ氏蔵（クラウスタル・ツェラーフェルト）

ナンノゴムフス属 *Nannogomphus* この時代の類縁トンボ類と違って，匹敵するような大きさにはならなかった．最大の翅開長は 5 cm である．この属は通常その開いた翅が斜め後方をさす形で発見される．その小さな寸法だけでも，このトンボ類をジュラ紀の他のものと区別するには十分である．

(364) *Nannogomphus bavaricus* Handlirsch, 1906

プロヘメロスコプス属 *Prohemeroscopus* きわめて小さく，特にみごとな翅脈をもつかなりまれなトンボ類である．翅の長さは約 3 cm で，これからすると翅開長はかろうじて 6 cm をこえる．

(365) *Prohemeroscopus jurassicus* Bechly et al., 1998

プロステノフレビア属 *Prostenophlebia* この小さなトンボ類は，数年前に初めて記載された．翅の長さは約 3.5 cm．それから最大翅開長 7 cm までと推論できる．この種はめったに見つからない．

(366) *Prostenophlebia jurassica* Nel et al., 1993

プロテロゴムフス属 *Proterogomphus* この中くらいの大きさのトンボ類の翅の長さは 3.5～3.7 cm を示す．それから考えると，翅開長は約 7.5 cm と結果づけられる．前翅は後翅に比べ明らかにより細い．紹介したものは新種である．

(367) *Proterogomphus renateae* Bechly et al., 1998

(364) ナンノゴムフス・バヴァリクス　アイヒシュテット産，翅開長 4 cm，シェーファー氏蔵（キール）

(365) プロヘメロスコプス・ジュラシクス　アイヒシュテット産，翅長 3 cm，ジュラ博物館（アイヒシュテット）

(366) プロステノフレビア・ジュラシカ　アイヒシュテット産，翅長 3.5 cm，ジュラ博物館（アイヒシュテット）

(367) プロテロゴムフス・レナテアエ　アイヒシュテット産，翅開長 7.5 cm，ビュルガー氏蔵（バート・ヘルスフェルト）

プロトリンデニア属 *Proto lindenia* プロトリンデニア属は前翅長約 4.5〜5.2cm を示す．後翅長は 4.1〜5cm の間にある．したがって，翅開長は約 9〜11cm と算出できる．前翅と後翅では，その幅がほんのわずかに異なる．このトンボ類はゾルンホーフェン層に頻繁に出て，しばしばメソロペタラ属と混同される．
(368, 369) *Protolindenia wittei* (Giebel, 1860)

プロトミルメレオン属 *Protomyrmeleon* この昆虫はゾルンホーフェン層から出るトンボ類の中の矮小型と思われる．翅の長さは 1.9cm で，翅開長は 4cm 足らずである．このトンボ類はまれらしい．実際，しばしば見落とされているかもしれない．
(370) *Protomyrmeleon jurassicus* Nel, 1992

ステノフレビア属 *Stenophlebia* 石版石石灰岩で最も多く出るトンボ類のひとつである．後方に向けて伸ばした，狭い翅はふたつの見誤りようのない特徴になる．体長は 8〜10cm．翅の寸法はその長く狭い基部のためさまざまになりうる．この属のアムフィトリテ種 *St. amphitrite* はかなり大きい．カスタ種 *St. casta* の

(369) プロトリンデニア・ヴィッテイ（飛行中） アイヒシュテット産，翅長 4.5cm，キュムペル氏蔵（ヴッパータール）

(368) プロトリンデニア・ヴィッテイ アイヒシュテット産，翅開長 9.8cm，キュムペル氏蔵（ヴッパータール）

(370) プロトミルメレオン・ジュラシクス アイヒシュテット産，翅開長 4cm，シュミット氏蔵（フランクフルト・アム・マイン）

(371) ステノフレビア属の種 アイヒシュテット産，10cm，フリックヒンガー氏蔵（ミュンヘン）

外見はより繊細である.

(371) *Stenophlebia* sp.
(372) *Stenophlebia amphitrite* (Hagen, 1862)
(373) *Stenophlebia latreilli* (Germar, 1839)

　ここで示したステノフレビア・アムフィトリテ *Stenophlebia amphitrite* の翅の長さは約 8 cm で，翅開長は約 17 cm になる．約 15 cm の翅開長をもつステノフレビア・アイヒシュテッテンシス *St. eichstaettensis* は，ステノフレビア・ラトレイリ *St. latreilli* とステノフレビア・アムフィトリテ *St. amphitrite* の間に位置する．翅の基部が狭いので，ステノフレビア属の推定さ

(372) ステノフレビア・アムフィトリテ　アイヒシュテット産，13 cm，シュミット氏蔵（フランクフルト・アム・マイン）

(373) ステノフレビア・ラトレイリ　アイヒシュテット産，10 cm，ベルゲル博物館（ハルトホーフ）

(374) ステノフレビア・アムフィトリテ　ヴェークシャイト産，翅開長 18 cm，キュムペル氏蔵（ヴッパータール）

れる翅の長さは，しばしば極度に異なる．もし翅の長さが約6cmで，その翅が斜め下向きのトンボ類を見つけたとすれば，ある程度の確かさでステノフレビア・ラトレイリとされる．例外的な場合には，このトンボ類が翅を拡げて発見されている．少なくとももうひとつの種ステノフレビア・カスタ *St. casta* についても言及しなければならない．翅開長6cmで，属の最小種とみられ，腹部末端が極度に拡がっていることが特徴的である．

（374）*Stenophlebia amphitrite*（Hagen, 1862）
（375）*Stenophlebia casta*（Hagen, 1862）
（376）*Stenophlebia latreilli*（Münster in Germar, 1839）

タルソフレビア属 *Tarsophlebia* ほっそりした体と狭い翅をもつ繊細なトンボ類である．翅開長は8〜10cmの間になる．その長い肢は保存状態が十分によければ，付加的な区別上の特徴として役立てられる．

（377）*Tarsophlebia* sp.
（378）*Tarsophlebia eximia*（Hagen, 1862）

（377）タルソフレビア属の種　アイヒシュテット産，6.5cm，クシェ氏蔵（ハイデモール）

（375）ステノフレビア・カスタ　アイヒシュテット産，翅長3cm，クノーデル氏蔵（イルツェ）

（378）タルソフレビア・エキシミア　アイヒシュテット産，8cm，フリックヒンガー氏蔵（ミュンヘン）

（376）ステノフレビア・ラトレイリ（翅を拡げた状態）アイヒシュテット産，翅長6cm，ビュルガー氏蔵（バート・ヘルスフェルト）

(379) ウロゴムフス属の種 アイヒシュテット産, 19 cm, INTERFOSS コレクション（ミュンヘン）

(380) ウロゴムフス・ギガンテウス アイヒシュテット産, 18 cm, ゼンケンベルク自然史博物館（フランクフルト・アム・マイン）

ウロゴムフス属は石版石石灰岩で最も印象的なトンボ類といえる．幅広い翅と力強く短い体が，特にこのトンボ類に太古の面影を授けている．不幸なことに，よく保存された標本はかなりまれである．翅開長 18 ～ 20 cm．
(380) *Urogomphus giganteus*（Germar, 1839）

未命名のトンボ類 翅開長 6 cm．ステノフレビア属に入る可能性がある．
(381) 未命名のトンボ類

未命名のトンボ類 小さく，翅開長 5.5 cm．翅は比較的広い．
(382) 未命名のトンボ類

未命名のトンボ類 石版石石灰岩で出る矮性のトンボ類である．翅開長はわずか 3 cm．この属はまだ記載されていない．

(381) 未命名のトンボ類 アイヒシュテット産, 6 cm, シェーファー氏蔵（キール）

ウロゴムフス属 *Urogomphus* 体部の中にみられる繊細な環は特徴的なつくりである．このトンボ類は大型の部類の位置を占めている．
(379) *Urogomphus* sp.

昆虫類 ● 127

(382) 未命名のトンボ類 アイヒシュテット産, 5.5 cm, シェーファー氏蔵 (キール)

(383) 未命名のトンボ類 アイヒシュテット産, 3 cm, ビュルガー氏蔵 (バート・ヘルスフェルト)

(384) 未命名のトンボ類 アイヒシュテット産, 翅長 6.2 cm, カリオプ博士蔵 (レーゲンスブルク)

(385) 未命名のトンボ類 アイヒシュテット産, 翅長 5.5 cm, ビュルガー氏蔵 (バート・ヘルスフェルト)

(386) 未命名のトンボ類 ヴィンタースホーフ産, 翅長 3.5 cm, キュムペル氏蔵 (ヴッパータール)

(383) 未命名のトンボ類

未命名のトンボ類 翅の長さは約 4 cm, 体長は約 6 cm である.

(384) 未命名のトンボ類

未命名のトンボ類 このトンボ類は最大翅長が 3.5 cm, 体長は 5.5 cm になる.

(385) 未命名のトンボ類

未命名のトンボ類 この標本の翅の長さは約 3.5 cm, 最大体長は 5 cm である.

(386) 未命名のトンボ類

未命名のトンボ類 この小さいトンボ類は長さ約 3.5 cm の非常に狭い翅をもっている.

(387) 未命名のトンボ類

未命名のトンボ類 この標本は翅を後方にたたんでいる. 翅は長さ 6 cm で, 体長 7 cm の比較的厚い体をもつ. よく保存された肢は注目に値する. このトンボ類はこれまで同定されていなかったが, 明らかにスフェノフレビア科に属している. おそらく近いうちにその新しい属と種についてより多くのことがわかるだろう.

(388) 未命名のトンボ類

128 ● 昆虫類

(387) 未命名のトンボ類 アイヒシュテット産，翅長 3.5 cm，キュムベル氏蔵（ヴッパータール）

(388) 未命名のトンボ類 アイヒシュテット産，翅長 6 cm，シェーファー氏蔵（ニュルンベルク）

ゴキブリ類とシロアリ類
Roaches and Termites

　ゴキブリ類 Blattodea（亜目）は昆虫類の最古のひとつである．はるばる石炭紀までさかのぼる時代の地層で発見されている．彼らの扁平な体はきわめて狭い割れ目にさえ隠れられた．振動に対するこのうえない敏感さのせいで，ゴキブリ類はほとんどの脅威から逃げおおせた．この高度に発達した危険回避の本能は，約3億年に及ぶ地球上での生存を可能にした．前翅は力強く発達しているが，後翅には繊細さが残っている．

　シロアリ類 Isoptera（目）はゴキブリ類に近縁である．シロアリ類は社会性昆虫で，大きな群体で住んでいる．生殖個体はその生活の一時期に翅がある．

　シロアリ類，ゴキブリ類両者の代表者は石版石石灰岩で発見されているが，シロアリ類については完全な明快さにはまだ達していない．少なくとも，このグループに属するものとして確かに判断できる有翅と少数の無翅の標本は発見されている．

リトブラタ属 *Lithoblatta*　翅はゴキブリ類に特徴的な翅脈型を示している．体は長い卵形で，触角は比較的長いが，少数の保存状態のよい標本でしかはっきりとはみられない．このゴキブリ類はゾルンホーフェン産の昆虫類の中で最も豊富なもののひとつである．
（389-391）*Lithoblatta lithophila*（Germar, 1839）

メガロケルカ属 *Megalocerca*　大きくきわめてまれなゴキブリ類で，尾のような付属器がある．
（392,393）*Megalocerca longipes* Handlirsch, 1906

プロゲオトルペス属 *Progeotrupes*　もうひとつのきわめてまれな昆虫．このゴキブリ類はある種の扁平なコガネムシ類を想起させる．

（389）リトブラタ・リトフィラ　ブルーメンベルク産，3.5 cm，ジュラ博物館（アイヒシュテット）

（390）リトブラタ・リトフィラ（酸化鉄で染色）　ヴェークシャイト産，4 cm，シェーファー氏蔵（キール）

（391）リトブラタ・リトフィラ（酸化鉄化した下面）　ヴェークシャイト産，3.5 cm，ルドヴィヒ氏蔵（シュトゥットガルト）

（392）メガロケルカ・ロンギペス　ヴェークシャイト産，5.5 cm，ルドヴィヒ氏蔵（シュトゥットガルト）

（393）メガロケルカ・ロンギペス　アイヒシュテット産，6 cm，レシュ氏蔵（クラウスタル・ツェラーフェルト）

（394）未命名のゴキブリ類　アイヒシュテット産，2 cm，ティシュリンガー氏蔵（シュタムハム）

（395）ギガントテルメス・エクスケルスス　アイヒシュテット産，6 cm，バイエルン州立古生物学博物館（ミュンヘン）

（396）未命名のシロアリ類　ゾルンホーフェン産，1.2 cm，ライヒ氏蔵（ボーフム）

　未命名のゴキブリ類　この昆虫はまだ記載されていない．先細りし，先の尖った翅はリトブラタ属ではないことを示している．
（394）未命名のゴキブリ類

　ギガントテルメス属 *Gigantotermes*　この昆虫の翅は狭く，その体よりずっと長い．おそらく，これは翅のあるシロアリ類である．

（395）*Gigantotermes excelsus*（Hagen, 1862）

　未命名のシロアリ類　翅のないシロアリ類の残部かもしれない．
（396）未命名のシロアリ類

アメンボ類 Water-Striders

　最初ちょっとみただけでは現生のアメンボ類に似ていると思われるかもしれないが，石版石石灰岩で発見される型は現生の子孫との共通点はわりに少ない．ジュラ紀のアメンボ類は，実際はナナフシ類とより密接な関係がある．最初の2肢は通常前方に伸ばされる．アメンボ類は潟湖の中に，あるいはむしろ水面に住む数少ない動物のひとつだったかもしれない．彼らは潟湖に豊富な食料を見いだしていたのだろう．しかし，彼らはそのよく発達した翅で長距離を飛ぶこともでき，潟湖表面上だけで住むようには制約されていなかった．

　プロピゴラムピス属 *Propygolampis*　長い体と長く突き出した肢をもつ．この動物は体長が約 15 cm，現在のアメンボ類同様，水面を横切って移動できたことは疑いない．各種の大きさの個体が発見されていて，このことはいくつかの成長段階を経過したに相違ないことを示している．

（397-399）*Propygolampis bronni* Weyenbergh, 1874

（398）プロピゴラムピス・ブロンニ（翅を伴う）　アイヒシュテット産，7.5 cm，シェーファー氏蔵（キール）

（399）プロピゴラムピス・ブロンニ（幼生相）　アイヒシュテット産，6 cm，クラウス氏蔵（ヴァイセンブルク）

（397）プロピゴラムピス・ブロンニ　アイヒシュテット産，18 cm，ゼンケンベルク自然史博物館（フランクフルト・アム・マイン）

バッタ類とコオロギ類
Locusts and Crickets

「バッタ類」という用語はここではキリギリス亜目 Ensifera を指すことにする．ドイツ語では「驚くほど長い触角 Langfühlerschrecken」という意味の用語がよく使われるが，通常，この動物の触角がその体と同じくらいか，むしろそれより長いことからきている．肢の最後の1対は跳躍に適応している．雌には長い管状の産卵管がある．筋肉組織の残部が石版石石灰岩で発見された多くのバッタ類の化石で確認できた．バッタ類はその生活環の中でいくつかの脱皮段階を経過するが，このことが同じ種の中で各種の大きさの個体が存在する説明になる．あいにく属や種の特徴的な形質保存が不十分な場合が多く，正確な同定は不可能になっている．多くの，もっと小さな個体では，おそらく正確な分類はできないままになるだろう．

同じことはバッタ類と密接な関係をもつ昆虫グループ，コオロギ類についてもあてはまる．「エルカナ属 *Elcana*」として記載されている多数の標本中の多くは，おそらく同一種である．そのため，「確定できないバッタ類」という多様に対応できる用語を使いつづける以外の選択肢がほとんどない．入念に研究されたピクノフレビア属 *Pycnophlebia* の場合でさえ，それぞれの種が，事実上，真の互いに異なる種なのかどうかについては若干の疑問が残る．

コノケファリテス属 *Conocephalites*　翅が体より長い，より小さなバッタ類．
(400) *Conocephalites capito* Deichmüller, 1880

キルトフィリテス属 *Cyrtophyllites*　いくぶん幅広の体の小さなコオロギ類である．
(401) *Cyrtophyllites musicus* Handlirsch, 1906

エルカナ属 *Elcana*　著しく長い触角をもつ小型バッタ類である．この属をいくつかの有効な種に細分するかどうかはまだ答えが出ていない．たとえば小さなエルカナ・アマンダ *E. amanda* は単に幼生相を示すものかもしれないのである．
(402) *Elcana amanda* Hagen, 1862
(403, 404) *Elcana longicornis* Handlirsch, 1906

この小さなバッタ類は腹面をみせている．
(405) *Elcana longicornis* Handlirsch, 1906

(400) コノケファリテス・カピト　アイヒシュテット産，3 cm，フリックヒンガー氏蔵（ミュンヘン）

(401) キルトフィリテス・ムシクス　アイヒシュテット産，3 cm，バイエルン州立古生物学博物館（ミュンヘン）

(402) エルカナ・アマンダ　アイヒシュテット産，3.5 cm，シュミット氏蔵（フランクフルト・アム・マイン）

昆虫類 ● 133

(403) エルカナ・ロンギコルニス　アイヒシュテット産，3.5 cm，ジュラ博物館（アイヒシュテット）

(404) エルカナ・ロンギコルニス（背面）　アイヒシュテット産，4 cm，シュミット氏蔵（フランクフルト・アム・マイン）

(405) エルカナ・ロンギコルニス　アイヒシュテット産，3.5 cm，市立ミュラー博物館（ゾルンホーフェン）

(406) ジュラッソバテア属（?）の種　アイヒシュテット産，5 cm，シュミット氏蔵（フランクフルト・アム・マイン）

(407) プセウドグリラクリス・プロピンクア　アイヒシュテット産，2 cm，ジュラ博物館（アイヒシュテット）

ジュラッソバテア属 *Jurassobatea*　いくぶん厚みのある体をもつ小型のバッタ類．後翅の長さは約 5 cm である．

(406) *Jurassobatea* (?) sp.

プセウドグリラクリス属 *Pseudogryllacris*　より小型のコオロギ類のひとつ．

(407) *Pseudogryllacris propinqua* Deichmüller, 1886

ピクノフレビア属 *Pycnophlebia*　石版石石灰岩で最も大きく，最も一般的なバッタ類である．前翅の長さがほとんど 12 cm に達し，その触角は 13 cm をこえる．

スペキオサ種 *P. speciosa* はロブスタ種 *P. robusta* に比べ，多少小さい．この2つの「種」とされるものは，事実は同じ種の生活環の中でのふたつの異なった相を示すだけのことかもしれない．

（408,409）*Pycnophlebia speciosa*（Germar, 1839）

（410,411）*Pycnophlebia robusta* Zeuner, 1939

未命名のバッタ類　この未同定のバッタ類は際立って長い翅をもっている．

（412）未命名のバッタ類

未命名のコオロギ類　この昆虫グループの比較的大きく，よく保存された標本．尾葉といわれる腹部の対の付属器がはっきりみられ，球状の頭もみられる．

（413）未命名のコオロギ類

（408）ピクノフレビア・スペキオサ　アイヒシュテット産，8.5 cm，INTERFOSS コレクション（ミュンヘン）

（409）ピクノフレビア・スペキオサ　アイヒシュテット産，11 cm，バイエルン州立古生物学博物館（ミュンヘン）

（410）ピクノフレビア・ロブスタ　アイヒシュテット産，14 cm，ゼンケンベルク自然史博物館（フランクフルト・アム・マイン）

（411）ピクノフレビア・ロブスタ（産卵管を伴う）　アイヒシュテット産，13 cm，ゼンケンベルク自然史博物館（フランクフルト・アム・マイン）

昆虫類 135

（412）未命名のバッタ類　アイヒシュテット産，2.5 cm，クラウス氏蔵（ヴァイセンブルク）

（413）未命名のコオロギ類　アイヒシュテット産，4 cm，ビュルガー氏蔵（バート・ヘルスフェルト）

異翅類（カメムシ類）Heteroptera

　異翅亜目 Heteroptera はその顎の先が尖った吸収型口器に進化した点で特に特徴的である．前翅はふたつの部分に分かれ，前部はより革質で，後部はより膜状である．特徴的な三角形の領域が胸板を縁どり，この領域が背板の起点を示している．異翅類は陸生，水生環境のどちらでも生息する．陸生の種はもっぱら植物の分泌液だけで生きているが，厄介で嫌われ者のトコジラミ類のような例外者は別である．水生カメムシ類は捕食者である．すべての異翅類はすぐれた飛行者でもある．石版石石灰岩でも若干の種類が発見されていて，全体的にはまれではない．

ディトモプテラ属 *Ditomoptera* 　まるみのある体後部をもつ小さな異翅類である．概して体の幅は狭く，より太いスファエロデモプシス属 *Sphaerodemopsis* とは異なっている．

(414) *Ditomoptera dubia* Germar, 1839

メソコリクサ属 *Mesocorixa* 　現生のミズムシ属 *Corixa* に似た小型の水生昆虫類である．

(415) *Mesocorixa tenuielythris* (Weyenbergh, 1869)

メソネパ属 *Mesonepa* 　いわゆるタイコウチ類で，現生のヒメタイコウチ属 *Nepa* と近縁である．ふたつの強力な鋏は獲物を捕らえる武器の役割を果たしている．よく保存されていることはまれだが，その後部の呼吸管はメソネパ類が水面で呼吸することを可能にしていた．2種が記載されているが，この区別の妥当性については，いくらかの疑問がある．

(416) *Mesonepa minor* Handlirsch, 1906
(417) *Mesonepa primordialis* (Germar, 1839)

ノトネクティテス属 *Notonectites* 　この小さな異翅類はマツモムシ属 *Notonecta* の現生マツモムシ類に近縁である．非常にまれな種類．

(418) *Notonectites elterleini* Deichmüller, 1886

パラエオヘテロプテラ属 *Palaeoheteroptera* 　大きく，非常にまれな，遊泳性の異翅類である．

(415) メソコリクサ・テヌイエリトリス　アイヒシュテット産，0.7 cm，バイエルン州立古生物学博物館（ミュンヘン）

(414) ディトモプテラ・ドゥビア　アイヒシュテット産，3 cm，バイエルン州立古生物学博物館（ミュンヘン）

(416) メソネパ・ミノル　アイヒシュテット産，4.5 cm，シュミット氏蔵（フランクフルト・アム・マイン）

昆虫類 ● 137

(417) メソネパ・プリモルディアリス　アイヒシュテット産，4 cm，シェーファー氏蔵（キール）

(418) ノトネクティテス・エルテルライニ　ヴィンタースホーフ産，1 cm，シェーファー氏蔵（キール）

(419) パラエオヘテロプテラ・ラピダリア　アイヒシュテット産，4 cm，バイエルン州立古生物学博物館（ミュンヘン）

(420) スカラバエイデス属の種　アイヒシュテット産，5 cm，バイエルン州立古生物学博物館（ミュンヘン）

(421) スカラバエイデス属の種（腹側）アイヒシュテット産，5.5 cm，INTERFOSS コレクション（ミュンヘン）

(419) *Palaeoheteroptera lapidaria*（Weyenbergh, 1868）

スカラバエイデス属 *Scarabaeides*　石版石石灰岩で最大の水生昆虫である．体長 5 cm またはそれ以上になる．この動物は小型の魚類程度の生物を獲物にしていたかもしれない．現生のヨーロッパの動物相にはこれほど大きな寸法の水生昆虫はいない．しかし，アメリカには 10 cm くらいの大きさに成長する大きな水生昆虫がいる．
(420,421) *Scarabaeides* sp.

スファエロデモプシス属 *Sphaerodemopsis*　この動物は以前は甲虫類に分類されていた．より最近の研究では，これは異翅類のカメムシ類に属するものと示唆

されている．まぎれのない特徴は，ほとんど円形の体後部と独特な縞である．

（422）*Sphaerodemopsis jurassica* Oppenheim, 1888

スティゲオネパ属 *Stygeonepa*　水生昆虫タイコウチ類に類縁の属．

（423）*Stygeonepa foersteri* Popov, 1971

図 423 の完模式標本はかなり貧弱な保存状態で，ここに示した標本とは対照的である．はっきりみえる圧縮された肢は水かき肢の役をしていた．長く卵形の体は遠位で大きくなり，ふたつの先の尖った付属器が注意をひく．体前部では明瞭に分かれた頭部が認められる．きわめてまれであり，完模式標本を除くと，ここに示した標本は知られている限りでは，わずか 2 標本目である．

（424）*Stygeonepa foersteri* Popov, 1971

（423）スティゲオネパ・フォエルステリ　アイヒシュテット産，3 cm，バイエルン州立古生物学博物館（ミュンヘン）

（422）スファエロデモプシス・ジュラシカ　アイヒシュテット産，3 cm，バイエルン州立古生物学博物館（ミュンヘン）

（424）スティゲオネパ・フォエルステリ　アイヒシュテット産，3.5 cm，ペッシェル氏蔵（ミュールハイム）

セミ類 Cicadas

セミ亜目 Auchenorhyncha は異翅類に類縁で，半翅目 Hemiptera に入る．セミ類と異翅類の重要な違いは，セミ類の前翅は一様に革質か，または膜質で，一方，異翅類の前翅はいずれも硬い皮質の前縁と軟らかい膜状の後縁に分かれることである．休息時，セミ類の翅は背中の上で屋根のように折りたたまれる．翅はしばしば長く，チョウの翅のように広くなる．古い文献では，セミ類の化石がチョウ類に分類されている場合がしばしばみられる．石版石石灰岩で発見される標本は「歌うセミ類」の中に含まれる．彼らは著しく短く，幅が広く，どちらかといえば太った体をしている．現生の雄は対の発信膜を使って鋭い音を生みだすので，遠い昔，セミ類の祖先も「歌った」と想像していいかもしれない．現生のセミ類は植物組織に穴を開け，その樹液を吸っている．セミの化石は石版石石灰岩では比較的めずらしいほうである．よく保存された標本はすべての昆虫化石の中でも最も美しいものに入る．

アルキプシケ属 *Archipsyche*　前翅は広い．体は長く，卵形．翅開長は最大で 12 cm．翅に繊細な翅脈がある．
　本当にセミ類なのか，あるいは広翅類なのか，純粋な疑問がある．
（425）*Archipsyche eichstaettensis* Handlirsch, 1906

ベロプテシス属 *Beloptesis*　翅開長 8〜10 cm の小型のセミ類．図示した標本には長い産卵管があり，雌であることがわかる．おそらくこの種は有効ではなく，実際には性的二型性を表しているだけかもしれない．
（426）*Beloptesis gigantea*（Weyenbergh, 1874）

エオキカダ属 *Eocicada*　最も一般的なセミ類である．体は長くて広い．翅開長は最大で 10 cm．
（427）*Eocicada lameeri* Handlirsch, 1906

　図 427 は，このセミ類の翅を体にたたみこんだ写真だが，次に翅を拡げたものを示す．
（428）*Eocicada lameeri* Handlirsch, 1906

リマコディテス属 *Limacodites*　前翅は非常に幅が広く，先端に向かって先細りしていく．太った体は後

(426) ベロプテシス・ギガンテア　ゾルンホーフェン産，4 cm，テイラー博物館（オランダ，ハーレム）

(425) アルキプシケ・アイヒシュテッテンシス　アイヒシュテット産，12.5 cm，ベルゲル博物館（ハルトホーフ）

(427) エオキカダ・ラメエリ　アイヒシュテット産，5 cm，シュヴァイツァー氏蔵（ランゲンアルトハイム）

140　●　昆虫類

(428) エオキカダ・ラメエリ　ヴェークシャイト産, 8 cm, キュムペル氏蔵（ヴッパータール）

(429) リマコディテス・メソゾイクス　アイヒシュテット産, 17 cm, ビュルガー氏蔵（バート・ヘルスフェルト）

(430) リマコディテス・メソゾイクス　アイヒシュテット産, 18 cm, シェーファー氏蔵（ニュルンベルク）

端で先細りする．翅開長は最大で17 cm．石版石石灰岩で最大のセミ類．
(429) *Limacodites mesozoicus* Handlirsch, 1906

リマコディテス属のより保存状態のよいものを次に示す．
(430) *Limacodites mesozoicus* Handlirsch, 1906

プロリストラ属 *Prolystra*　前翅は広く，まるみのある先端に向かって先細りする．体は太っている．翅開長は最大で10 cm．

(431) プロリストラ・リトグラフィカ　アイヒシュテット産, 5 cm, ティシュリンガー氏蔵（シュタムハム）

昆虫類 ● 141

(432) プロトプシケ・ブラウエリ　アイヒシュテット産，10 cm，ビュルガー氏蔵（バート・ヘルスフェルト）

(431) *Prolystra lithographica* Oppenheim, 1888

プロトプシケ属 *Protopsyche*　プロリストラ属と似ているが，外形はほぼ三角形である．前翅はいくぶん狭い．翅開長は最大で 10 cm．
(432) *Protopsyche braueri* Handlirsch, 1906

この小型のセミ類のより保存状態のよいものを次に示す．
(433) *Protopsyche braueri* Handlirsch, 1906

(433) プロトプシケ・ブラウエリ　アイヒシュテット産，10 cm，シェーファー氏蔵（ニュルンベルク）

脈翅類（アミメカゲロウ類）Alder Fly

アミメカゲロウ類は脈翅類の系統に入る．このグループの昆虫は非常に小さなものから大型のものまで，大きさがさまざまである．脈翅類にはたくさんの脈がある2対の翅があり，一部のものはトンボ類やチョウ類に似ている．触角は眼の上というよりは，眼の間に付いている．休息時の翅は，通常，昆虫の背中の上で屋根のように折りたたまれている．翅は，通常，体の末端からかなり後方に突き出ている．アミメカゲロウ類には噛むための顎があり，捕食者である．その多くは水生の幼生段階を経過する．その幼生も動物を餌にしている．アミメカゲロウ類も石版石石灰岩に保存されており，セミ類と同様，最も美しい標本の中に入る．

アルケゲテス属 *Archegetes*　著しくみごとな翅脈のある，非常に幅の広い翅をもつ．体は細身で，翅開長は約10cm．きわめて稀産．
（434, 435）*Archegetes neuropterum* Handlirsch, 1906

（434）アルケゲテス・ネウロプテルム　アイヒシュテット産, 10 cm, バイエルン州立古生物学博物館（ミュンヘン）

（435）アルケゲテス・ネウロプテルム　アイヒシュテット産, 10 cm, フリックヒンガー氏蔵（ミュンヘン）

（436）アルケゲテス・ネウロプテロルム　アイヒシュテット産, 10 cm, ビュルガー氏蔵（バート・ヘルスフェルト）

すばらしい保存状態の標本がこの種のみかたを完全なものにするだろう．

(436) *Archegetes neuropterorum* Handlirsch, 1906

カリグラムマ属 *Kalligramma*　この属は石版石石灰岩で発見された最も美しい化石昆虫と思われる．不幸なことにきわめて稀産である．ここに図示した標本を除くと（1枚の羽を欠くが），おそらく比較できるようなよい保存状態の標本は存在しない．翅の上の斑点状の色の付いた箇所に注目してほしい．翅開長は約25cmである．

(437) *Kalligramma haeckeli* Walther, 1904

カリグラムムラ属 *Kalligrammula*　前記のアミメカゲロウ類の小型の類縁生物である．この昆虫は翅の斑点がない．これも非常に稀産である．翅開長は約15cm．

(438) *Kalligrammula senckenbergia* Handlirsch, 1919

メソクリソパ属 *Mesochrysopa*　クサカゲロウ類の類縁者．幅の狭い体に比べて，たたんだ翅はそれほど長くない．翅開長は約10cm．

(439) *Mesochrysopa zitteli* (Meunier, 1898)

メソクリソプシス属 *Mesochrysopsis*　クサカゲロウ類のもうひとつの類縁者．著しく幅の広い翅の翅開長

(437) カリグラムマ・ヘッケリ　アイヒシュテット産，**19cm**，バイエルン州立古生物学博物館（ミュンヘン）

(438) カリグラムムラ・ゼンケンベルギア　アイヒシュテット産，**14cm**，ゼンケンベルク自然史博物館（フランクフルト・アム・マイン）

は約 12 cm に達する．稀産．

(440) *Mesochrysopsis hospes* (Germar)

ニムフィテス属 *Nymphites*　この属もクサカゲロウ類の類縁だが，より小型で，みごとな脈翅のある翅と長い触角がある．翅開長は約 6 cm．

(441) *Nymphites braueri* (Haase, 1890)

オスミリテス属 *Osmylites*　翅は明らかに体に比べて長い．翅開長は約 12 cm．

(442) *Osmylites protagaeus* (Hagen, 1862)

次にこの昆虫をもう一度提示したい．というのは，中間の翅脈構造が別の視点からみられるからである．

(439) メソクリソパ・ツィッテリ　ヴィンタースホーフ産，**5.5 cm**, ライヒ氏蔵（ボーフム）

(440) メソクリソプシス・ホスペス　アイヒシュテット産，**6 cm**, フォン・ヒンケルダイ氏蔵（アイヒシュテット）

(441) ニムフィテス・ブラウエリ　アイヒシュテット産，**3 cm**, バイエルン州立古生物学博物館（ミュンヘン）

(442) オスミリテス・プロトガエウス　アイヒシュテット産，**6 cm**, フリックヒンガー氏蔵（ミュンヘン）

(443) オスミリテス・プロトガエウス　ゾルンホーフェン産，**8.5 cm**, 個人コレクション

（443）*Osmylites protagaeus*（Hagen, 1862）

プセウドミルメレオン属 *Pseudomyrmeleon*　長い体と狭い翅をもったこの昆虫も，アミメカゲロウ類の一種である．おそらく現生のアリジゴク類に類縁であるが，正確な分類学上の位置はまだ決まっていない．
（444）*Pseudomyrmeleon extinctus* Weyenbergh, 1869

未命名の脈翅類　この昆虫が脈翅類に属していることは疑いなく，そのみごとな翅脈構造が目につく．この標本は近い将来，新種として記載されるだろう．すでに脈翅類という結論を出せるが，今までゾルンホーフェン層では知られていなかった．
（445）未命名の脈翅類

シリアゲムシ類 Panorpids

　シリアゲムシ類とその類縁タクサは長翅目 Mecoptera に属しており，これまでゾルンホーフェン層では記載されていなかった．現代の動物相では，これらには若干の種がある．最も一般的な代表者はシリアゲムシ類で，主に屍肉と果物で餌を得ていた．より小さな長翅類も肉食かもしれない．このグループには，小さなトビムシ *Boreus hiemalis* が入る．トビムシは氷河に住む．

オルトフレビア属 *Orthophlebia*　この昆虫は小さな肢と翅脈の多い翅をもっている．ある種の吻部が認められるように思う．
（446）*Orthophlebia lithographica* Willmann & Novokschonov, 1998

（444）プセウドミルメレオン・エクスティンクトゥス　ゾルンホーフェン産，4 cm，テイラー博物館（オランダ，ハーレム）

（445）未命名の脈翅類　アイヒシュテット産，5.5 cm，シェーファー氏蔵（ニュルンベルク）

（446）オルトフレビア・リトグラフィカ　アイヒシュテット産，1 cm，ジュラ博物館（アイヒシュテット）

甲虫類 Beetles

　甲虫目 Coleoptera は現生昆虫類の最大の目である．ほぼ 30 万種が世界中に分布している．現生の甲虫類は，長さ数 mm といった小さな種類があると同時に，重さが 100 g に近い巨大型まで含んでいる．甲虫類を同定することは，少数の異常型を除くと難しくはない．甲虫類の前翅は変化して丈夫な翅鞘になり，甲冑の外皮のように後半身全体を包んでいる．飛んでいないときは，その膜状の後翅は防御用の翅鞘の下にたたみこまれている．甲虫類はある種の半翅類と混同されるかもしれないが，半翅類の重なり合った前翅では膜状の先端がのぞく．ほとんどすべての甲虫類は飛行できるが，ときおりしか飛ばない．

　卵から成虫への発達は完全変態を通して進行する．成体の昆虫はより大きくならなくなるので，昆虫の大きさ（性的二型性は除く）は信頼度の高い同定形質として利用できる．石版石石灰岩では多数の甲虫類が発見されてきたが，残念なことに，ほとんどの標本は保存状態が悪すぎて簡単には同定できない．体の装飾のような明らかな同定形質はほとんど常に欠けている．多くの場合，もっぱら，形と大きさに頼らなくてはならず，同定に多くの誤りが生じてしまう．属と個々の種の鑑定は争点のままになる可能性がある．

　甲虫類の分類学分野では，素人は博物館やコレクションで提示されている乏しい情報に甘んじなければならない．トンボ類の分類と同じくらいの数の誤りがある可能性が高い．実際，石版石石灰岩から出る化石甲虫類だけを研究している学者はいない．このような関心分野が個々の人の意欲に水をさすことは明らかである．しばしば科学者は明確な特性なしの漠然とした形に立ち向かわされるだけだった．甲虫類の専門家とみなされる一部のロシア人科学者がいくつかの地方産地を注意深く調査したが，ゾルンホーフェン層は比較上の問題として取り上げたにすぎなかった．この分野に関心があるすべての人は，さしあたりこのような不確実さを受け入れ，多くの未同定だったり誤って同定された化石に甘んじなければならない．

アクタエア属 *Actaea*　長い卵形の体で，体後部に幅広の縞をもつ小型の甲虫類である．一般的．おそらく水生の甲虫類であろう．

（447）*Actaea sphinx* Germar, 1842

（447）アクタエア・スフィンクス　アイヒシュテット産，1.6 cm，フリックヒンガー氏蔵（ミュンヘン）

（448）アマロデス・プセウドザブルス　アイヒシュテット産，3 cm，シュミット氏蔵（フランクフルト・アム・マイン）

（449）アニソリンクス・ラピデウス　アイヒシュテット産，2 cm，ルドヴィヒ氏蔵（シュトゥットガルト）

アマロデス属 *Amarodes*　広く卵形の体とたくましい頸楯をもつ，中型の甲虫類．

（448）*Amarodes pseudozabrus* Deichmüller, 1886

アニソリンクス属 *Anisorhynchus*　中型の甲虫類で，翅鞘がいぼ状の突起で飾られている．

（449）*Anisorhynchus lapideus* Weyenbergh

アピアリア属 *Apiaria*　非常に小さな甲虫類．おそらく，平滑な翅鞘をもっていた．

(450) *Apiaria dubia* Meunier, 1895

この標本は多くの細部，主として体の付着器を示している．

(451) *Apiaria dubia* Münster in Meunier, 1895

ブプレスティデス属 *Buprestides*　長く卵形の体をもつ中型の甲虫類．たぶんタマムシ類の一種である．

(452) *Buprestides suprajurensis* Oppenheim, 1888

ケラムビキヌス属 *Cerambycinus*　幅の広い卵形の体をもつ小型の甲虫類で，おそらくハムシ類の一種である．

(453) *Cerambycinus dubius* Germar, 1839

クリソメロファナ属 *Chrysomelophana*　卵形の体形の大型甲虫類で，おそらくハムシ類に類縁である．

(454) *Chrysomelophana rara*（Weyenbergh, 1869）

コリダリス属 *Corydalis*　異常に長い体をもつ大型

(450) アピアリア・ドゥビア　アイヒシュテット産，**1 cm**，ビュルガー氏蔵（バート・ヘルスフェルト）

(451) アピアリア・ドゥビア　ブルーメンベルク産，**1.7 cm**，ヴルフ氏蔵（レーデルゼー）

(452) ブプレスティデス・スプラジュレンシス　ヴィンタースホーフ産，**3.5 cm**，ジュラ博物館（アイヒシュテット）

(453) ケラムビキヌス・ドゥビウス　アイヒシュテット産，**2 cm**，バイエルン州立古生物学博物館（ミュンヘン）

(454) クリソメロファナ・ララ　アイヒシュテット産，**4.5 cm**，クラウス氏蔵（ヴァイセンブルク）

の甲虫類で，おそらくハネカクシ類の一種である．

(455) *Corydalis vestuta* Hagen, 1862

クルクリオニテス属 *Curculionites*　卵形の体が，縦に溝のある翅鞘に覆われた小型の甲虫類である．

(456) *Curculionites striatus* Oppenheim, 1888

エウティレイテス属 *Euthyreites*　体は卵形で，横断状の帯をもつ大型の甲虫類で，その体は後部先端に向けて先細りしている．翅鞘に溝がある．

(457) *Euthyreites grandis* Deichmüller, 1886

ガレルキテス属 *Galerucites*　卵形の体をもつ，きわめて小さな甲虫類で，おそらくハムシ類の一種である．

(458) *Galerucites carinatus* Oppenheim, 1888

ゲオトゥルポイデス属 *Geotrupoides*　幅広い卵形の体と，まるみのある頸楯をもつ大きな甲虫類．

(459) *Geotrupoides lithographicus* Deichmüller, 1886

ヒドロフィルス属 *Hydrophilus*　おそらく水生甲虫類に含まれるであろう小型甲虫類．

(460) *Hydrophilus avitus*

(457) エウティレイテス・グランディス　アイヒシュテット産，4.5 cm，ライヒ氏蔵（ボーフム）

(455) コリダリス・ヴェストゥタ　アイヒシュテット産，4.5 cm，バイエルン州立古生物学博物館（ミュンヘン）

(458) ガレルキテス・カリナトゥス　ケルハイム産，0.6 cm，バイエルン州立古生物学博物館（ミュンヘン）

(456) クルクリオニテス・ストゥリアトゥス　アイヒシュテット産，2.5 cm，バイエルン州立古生物学博物館（ミュンヘン）

(459) ゲオトゥルポイデス・リトグラフィクス　ヴェークシャイト産，4 cm，ルドヴィヒ氏蔵（シュトゥットガルト）

昆虫類 ● 149

(460) ヒドロフィルス・アヴィトゥス　アイヒシュテット産, 1.5 cm, バイエルン州立古生物学博物館（ミュンヘン）

(461) マルメラテル・テイレリ　アイヒシュテット産, 2 cm, ゼンケンベルク自然史博物館（フランクフルト・アム・マイン）

(462) ノトクペス・トリパルティトゥス　アイヒシュテット産, 2 cm, バイエルン州立古生物学博物館（ミュンヘン）

(463) オムマ・ツィッテリ　アイヒシュテット産, 2 cm, バイエルン州立古生物学博物館（ミュンヘン）

(464) オプシス・バヴァリカ　アイヒシュテット産, 2 cm, シュミット氏蔵（フランクフルト・アム・マイン）

(465) オリクティテス・フォシリス　アイヒシュテット産, 2 cm, バイエルン州立古生物学博物館（ミュンヘン）

マルメラテル属 *Malmelater*　縞のある翅鞘に覆われ, 体後部に帯のある小型甲虫類.
(461) *Malmelater teyleri* Weyenbergh, 1869

ノトクペス属 *Notocupes*　卵形の体形で, 体後部に縞のある小型甲虫類.
(462) *Notocupes tripartitus*（Oppenheim, 1888）

オムマ属 *Omma*　ざらざらした翅鞘をもつ小型甲虫類.
(463) *Omma zitteli*（Oppenheim, 1888）

オプシス属 *Opsis*　長い体と縞のある翅鞘をもつ小型甲虫類.
(464) *Opsis bavarica* Handlirsch, 1906

オリクティテス属 *Oryctites*　幅広で卵形の体と, 比較的長い肢をもつ小型甲虫類.
(465) *Oryctites fossilis* Oppenheim, 1888

プロカロソマ属 *Procalosoma*　大型の甲虫類で, おそらくオサムシ類と類縁である.
(466) *Procalosoma minor* Handlirsch, 1906

プロカラブス属 *Procarabus*　長く伸びた卵形の体をもつ小型甲虫類で, 体後部に縞がある.
(467) *Procarabus zitteli* Oppenheim, 1888

プロクリソメラ属 *Prochrysomela*　短い卵形の輪郭をもち, 体後部に縞のある非常に小さな甲虫類で, おそらくハムシ類と類縁である.
(468) *Prochrysomela jurassica* Oppenheim, 1888

(466) プロカロソマ・ミノル アイヒシュテット産，4.5 cm，クラウス氏蔵（ヴァイセンブルク）

(467) プロカラブス・ツィッテリ シェルンフェルト産，2 cm，バイエルン州立古生物学博物館（ミュンヘン）

(468) プロクリソメラ・ジュラシカ アイヒシュテット産，0.5 cm，バイエルン州立古生物学博物館（ミュンヘン）

(469) プセウドヒドロフィルス・アヴィトゥス アイヒシュテット産，4 cm，ゼンケンベルク自然史博物館（フランクフルト・アム・マイン）

(470) プセウドティレア・オッペンハイミ ケルハイム産，2.5 cm，バイエルン州立古生物学博物館（ミュンヘン）

(471) ピロクローファナ・ブレヴィペス アイヒシュテット産，4 cm，ビュルガー氏蔵（バート・ヘルスフェルト）

プセウドヒドロフィルス属 Pseudohydrophilus　幅の広い卵形の体をもつ大型甲虫類．おそらく水生種．
(469) *Pseudohydrophilus avitus*（Heyden, 1847）

プセウドティレア属 Pseudothyrea　縞のある翅鞘をもち，体後部に帯のある中型の甲虫類．
(470) *Pseudothyrea oppenheimi* Handlirsch, 1906

ピロクローファナ属 Pyrochroophana　長い卵形の輪郭をもち，体後部に帯のある，中型から大型の甲虫類．
(471) *Pyrochroophana brevipes* Deichmüller, 1886
(472) *Pyrochroophana major* Handlirsch, 1906
(473) *Pyrochroophana robusta*（Oppenheim, 1888）

この甲虫類の注目されるべき点はそのよく保存された肢だった．他の種についてもこれがあてはまる．

(474) *Pyrochroophana brevipes*（Deichmüller, 1886）
(475) *Pyrochroophana robusta*（Oppenheim, 1888）

セミグロブス属 Semiglobus　半球形の体をもつ小型甲虫類で，縞のある翅鞘をもつ．頸楯の幅が広い．
(476) *Semiglobus jurassicus* Handlirsch, 1906

シルフィテス属 Silphites　長い卵形の体をもつ小型甲虫類で，おそらく屍肉食性の甲虫類である．
(477) *Silphites angusticollis* Oppenheim, 1888

未命名の甲虫類　幅の広い卵形の体後部と，短くて縞のある翅鞘をもつ中型の甲虫類．
(478) 未命名の甲虫類

昆虫類 ● 151

(472) ピロクローファナ・マイヨル アイヒシュテット産，6.5 cm，シュミット氏蔵（フランクフルト・アム・マイン）

(473) ピロクローファナ・ロブスタ アイヒシュテット産，4.5 cm，シュミット氏蔵（フランクフルト・アム・マイン）

(474) ピロクローファナ・ブレヴィペス アイヒシュテット産，3.5 cm，ヴルフ氏蔵（レーデルゼー）

(475) ピロクローファナ・ロブスタ アイヒシュテット産，翅開長 7 cm，シェーファー氏蔵（ニュルンベルク）

(476) セミグロブス・ジュラシクス アイヒシュテット産，1.5 cm，クラウス氏蔵（ヴァイセンブルク）

(477) シルフィテス・アングスティコリス アイヒシュテット産，2 cm，バイエルン州立古生物学博物館（ミュンヘン）

(478) 未命名の甲虫類 アイヒシュテット産，3 cm，シェーファー氏蔵（キール）

152 ●昆虫類

未命名の甲虫類 先細りして尖った体後部と，尖った頭部をもつ大型の甲虫類で，おそらく屍肉食の甲虫類グループに属する．
（479）未命名の甲虫類

未命名の甲虫類 いくぶん幅広の体後部をもつ中型の甲虫類．頭部と頭部が目立って狭くなっている．ゾウムシ類に含まれる可能性がある．
（480）未命名の甲虫類

未命名の甲虫類 この甲虫類は横に区切られた長い体と，2枚の拡げた狭い翅に特徴がある．
（481）未命名の甲虫類

未命名の甲虫類 翅鞘と後翅を伴うまれな保存状態の甲虫．
（482）未命名の甲虫類

未命名の甲虫類 翅鞘は拡げられ，点々模様の条線がみられる．
（483）未命名の甲虫類

未命名の甲虫類 この甲虫は尖った腹部，卵形の体，そして体後部のまるみのある体節に特徴がある．

（481）未命名の甲虫類　アイヒシュテット産，翅開長 2 cm，ビュルガー氏蔵（バート・ヘルスフェルト）

（479）未命名の甲虫類　アイヒシュテット産，4 cm，ライヒ氏蔵（ボーフム）

（482）未命名の甲虫類　アイヒシュテット産，4 cm，ビュルガー氏蔵（バート・ヘルスフェルト）

（480）未命名の甲虫類　アイヒシュテット産，4 cm，ヒンケルダイ氏蔵（アイヒシュテット）

（483）未命名の甲虫類　アイヒシュテット産，翅開長 3.5 cm，ブリンダート氏蔵（フィネントロプ）

昆虫類 153

(484) 未命名の甲虫類

未命名の甲虫類 ほぼ円形のからだと比較的長く拡げた翅は，この甲虫に特徴的な外観を与えている．

(485) 未命名の甲虫類

未命名の甲虫類（？） 比較的幅のある頭部が，後方の長い体へと続いている．翅鞘には認められるような飾りはない．両翅の末端の間に，体の尖った後部末端があるとも考えられる．もしそうだったとすると，この「甲虫」は十中八九までセミ類だろう．

(486) 未命名の甲虫類（？）

(485) 未命名の甲虫類　アイヒシュテット産，翅開長 6 cm，シュテベナー氏蔵（シュタウフェンベルク）

(486) 未命名の甲虫類（？）　アイヒシュテット産，3 cm，ビュルガー氏蔵（バート・ヘルスフェルト）

(484) 未命名の甲虫類　アイヒシュテット産，ビュルガー氏蔵（バート・ヘルスフェルト）

154 ● 昆虫類

膜翅類（ハチ類）Hymenoptera

　膜翅類は対になった皮のような翅を備えた昆虫類に使う名称である．対の前翅は対の後翅に比べずっと大きい．このグループの重要な仲間はハチ類，スズメバチ類，それにアリ類を含む．雌はしばしば産卵管を備えている．石版石石灰岩からはきわめて限られた数の膜翅類しか産出していない．ここでは主にプセウドシレクス属 *Pseudosirex* について目を向ける．以前は，この属は多数の異なった種に分けられていたが，現在ではわずか1種だけが有効であると考えられている．

　ミルミキウム属 *Myrmicium*　図489は細かな脈翅の保存状態がより良好で注意を引く．

（487, 488）*Myrmicium heeri* Westwood, 1854
（489）*Myrmicium elegans*（Westwood, 1885）

　プセウドシレクス属 *Pseudosirex*　石版石石灰岩で発見される昆虫で，一方の種は大きく，他方はそれより小さい．体は長く，横に帯があり，雌は産卵管をもつ．この科の類縁関係をたどるとキバチ類につながるが，このキバチ類のひとつのキバチ属 *Sirex* は現在も生きている．この化石は決してまれではないが，昆虫のみごとな細部を示すような，本当によい保存状態の標本はむしろまれである．

（490）*Pseudosirex elegans*（Oppenheim, 1885）

　未命名のキバチ類　翅は体より長く，翅開長は約7cmである．

（491）未命名のキバチ類

（487）ミルミキウム・ヘェーリ（美しい細部を示す体後部）　アイヒシュテット産，7cm，ビュルガー氏蔵（バート・ヘルスフェルト）

（488）ミルミキウム・ヘェーリ（産卵管を伴う）　アイヒシュテット産，10cm，テイラー博物館（オランダ，ハーレム）

（489）ミルミキウム・エレガンス　アイヒシュテット産，5cm，シェーファー氏蔵（ニュルンベルク）

（490）プセウドシレクス・エレガンス　アイヒシュテット産，5cm，INTERFOSS コレクション（キール）

トビケラ類 Caddis Flies

　トビケラ類は毛翅目（トビケラ目）Trichoptera に属している．現生種は多くの異なった水塊中に発見することができる．トビケラ類の幼生は各種の素材から特有の筒巣をつくるので特に目立っている．植物の一部を使うもの，小さな礫を集めて使うもの，また水生の巻貝類の空き家を占拠して使うものなどがいる．孵化した，成体の昆虫は，翅を横断する翅脈がほんのわずかしかなく，翅の後部にある主要な翅脈は翅の縁にそって結合し，連絡している．この昆虫グループは石版石石灰岩ではまれで，少数の標本しか発見されていない．確かさをもって認定できるのはたった 1 属である．

　メソタウリウス属 *Mesotaulius*　小型の昆虫で，たたんだ翅は尾の先に突き出る．
（492）*Mesotaulius jurassicus* Handlirsch, 1906

（491）未命名のキバチ類　アイヒシュテット産，4.5 cm，ライヒ氏蔵（ボーフム）

（492）メソタウリウス・ジュラシクス　シェルンフェルト産，3 cm，ジュラ博物館（アイヒシュテット）

双翅類（ハエ類）Diptera

双翅類 Diptera は昆虫の目で，現在約10万の異なった種を含む．後翅は飛行の安定を助ける太鼓のばち状の器官に退化している．このグループはカとかアブのような嫌われ者も含んでいる．双翅類の中にはオドリバエ類，ハエ類なども含まれる．石版石石灰岩で発見されている種の数は限られており，少数の個体標本があるだけである．おそらく，より小さな種類の一部は見落とされてきただろう．

プロヒルモネウラ属 *Prohirmoneura*　たくましい体に帯のある小さな昆虫．
（493）*Prohirmoneura jurassica* Handlirsch, 1906

ティプラリア属 *Tipularia*　ほっそりした体の昆虫で，体後部は太さを増し棍棒状になる．長く狭い翅をもち，著しく長い肢がある．現生のカ類と類縁関係にあることは間違いないだろう．
（494）*Tipularia teyleri* Weyenbergh, 1869

未命名の双翅類　この昆虫は，おそらくムシヒキアブ類 Asilidae に属する．

（495）未命名の双翅類

未命名の双翅類　これは前に示したもの（図495）とは，より小型であること，体に体節があることで異なっている．

（496）未命名の双翅類

この昆虫のような化石は，実は甲殻類の等脚類または端脚類であろう．
（497）未同定の「昆虫類」．おそらくは，甲殻類．

（493）プロヒルモネウラ・ジュラシカ　アイヒシュテット産，2 cm，バイエルン州立古生物学博物館（ミュンヘン）

（494）ティプラリア・テイレリ　アイヒシュテット産，3 cm，シュミット氏蔵（フランクフルト・アム・マイン）

（495）未命名の双翅類　アイヒシュテット産，4 cm，ヴルフ氏蔵（レーデルゼー）

（496）未命名の双翅類　アイヒシュテット産，1.8 cm，ベルゲル博物館（ハルトホーフ）

（497）未同定の「昆虫類」　アイヒシュテット産，2 cm，キュムペル氏蔵（ヴッパータール）

棘皮動物 Echinoderms

　棘皮動物 Echinodermata は棘のある皮膚をもつ海生の動物門である．通常，その幼生は自由遊泳相を経過し，左右相称性の痕跡がいまだにみられるが，成体は5放射性の体に発展する．棘皮動物は，脊索動物のように体のうちに運び込まれた炭酸カルシウムでその骨格をつくる．よく棘のような付属物を身に付けているところから「エキノ・デルム（トゲのある皮膚）」と名づけられた．運動・採餌その他の代謝活動は水力学の原理で働く水管系を利用して達成されている．簡単に書くと，この動物は篩状の板を通して海水を1本の管に引き入れる．この管はその水を環状の水管に向けて送り，この水管はさらに5本の枝管に分かれ，各体部に水を提供している．これらの枝管には対になった瓶状の付属物があり，骨格を通して外部に通じている．これらの付属物を給水管とか管足といっている．おそらくこの水管中の水圧を変えることで，運動が可能になっている．

　棘皮動物は着生のもの，自由遊泳性のもの，そして底生のものが存在する．3種ともに石版石石灰岩に存在するが稀産である．例外は自由遊泳性のウミユリ類サッココマ属 Saccocoma とクモヒトデ類のゲオコマ属 Geocoma で，これら2種類の生物は多数発見されている．

ウミユリ類 Sea Lilies

　通常，ウミユリ類 Crinoidea の冠は茎の頂部につき，その茎で適当な底質に固着している．触手冠は萼部で形成され，そこから5～10本の羽毛状の腕が出ている．茎はときどき節でつながった巻枝ももっている．自由遊泳型のものもある．その巻枝は茎の原基から発展するか，そうでなければ茎がまったくなくなっている．石版石石灰岩では下記の属が記載されている．

コマツレラ属 *Comaturella*　自由遊泳性ウミユリ類で，10本のほっそりした腕は約10cmの長さになる．その繊細な構造はこの動物に優雅な外観を与えている．ピンナタ種 *C. pinnata* とフォルモサ種 *C. formosa* のふたつの種が区別されている．後者の方がより繊細で，ツァント地方でのみ知られている．ふたつの種が実際に有効かどうかは確言できない．この属は以前はアンテドン属 *Antedon* の名称で知られていた．

(498)　*Comaturella formosa*（Walther, 1904）
(499,450)　*Comaturella pinnata*（Goldfuss, 1831）

(498) コマツレラ・フォルモサ　ツァント産，8cm，ライヒ氏蔵（ボーフム）

(499) コマツレラ・ピンナタ　ゾルンホーフェン産，13cm，市立ミュラー博物館（ゾルンホーフェン）

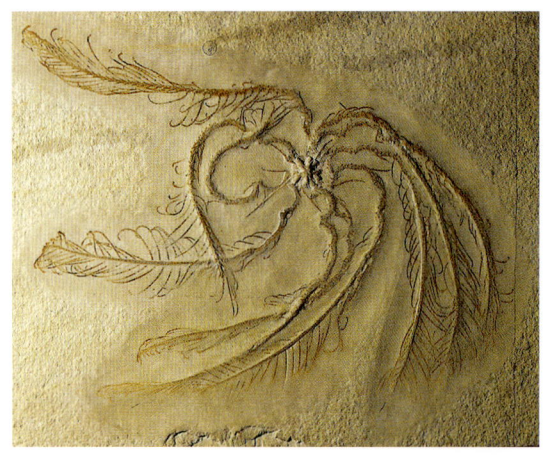

この標本を示したのは新しいせいではなく、保存状態がきわめて良好なためであり、巻いた巻枝まで観察することができた．プテロコマ *Pterocoma* という名称は 1834 年に設立された昆虫類の一種に先取りされており、この名前は無効であり、次に古い名称コマツレラ *Comaturella* Münster, 1839 という異名に置き換えられた．

(501) *Comaturella pinnata* (Goldfuss, 1831)

ミレリクリヌス属 *Millericrinus*　長い茎の着生ウミユリ類．かつてケルハイムとグンゴルディング付近で発見された．新しい発見はまずないだろう．

(502, 503) *Millericrinus mespiliformis* (Schlotheim, 1820)

この同定が正しいかどうかは、確実には判定できない．いずれにしてもゾルンホーフェン層から出るもので、このような茎をもつものはこの属だけだろう．このことは、当時ミレリクリヌス属がいかに驚くべき大

(500) コマツレラ・ピンナタ（開いた萼）　ゾルンホーフェン産，17 cm，ティシュリンガー氏蔵（シュタムハム）

(501) コマツレラ・ピンナタ　ランゲンアルトハイム産，15 cm，キュムペル氏蔵（ヴッパータール）

(502) ミレリクリヌス・メスピリフォルミス　アイヒシュテット産，6 cm，テイラー博物館（オランダ，ハーレム）

(503) ミレリクリヌス・メスピリフォルミス（巻いた腕）　プファルツパイント産，3 cm，ライヒ氏蔵（ボーフム）

きさに達していた可能性があるかを意味している．一方，茎のあるウミユリ類は大小にかかわらず，ゾルンホーフェン層ではきわめてまれで，多数種の発見はほとんど期待できない．
(504) *Millericrinus* sp.

ソラノクリニテス属 *Solanocrinites*　自由遊泳性ウミユリ類で，10～12 cm の長さの 10 本の羽毛状の腕があるにもかかわらず，それでも丸々太ってみえる．この属はきわめてまれである．
(505, 506) *Solanocrinites gracilis* Walther, 1886

サッココマ属 *Saccocoma*　自由遊泳性の動物も石版石石灰岩，特にアイヒシュテット近辺で最も一般的に発見される化石である．この生物は，以前はある種のクモ類と考えられたため，「アイヒシュテットのクモ石」ということばがよく使われた．萼はドーム状で，10 本の短い腕には幅広の付加物があり，これにより泳ぐ能力が向上した．テネラ種 *S. tenella* とシュヴェルトシュラゲリ種 *S. schwertschlageri* の 2 種が区別される．以前はペクティナタ種 *S. pectinata* として知られていたテネラのほうがはるかにより一般的である．シュヴェルトシュラゲリは一見小さなヒトデ類のよう

(504) ミレリクリヌス属の種　ランゲンアルトハイム産，6 cm と 12 cm，市立ミュラー博物館（ゾルンホーフェン）

(505) ソラノクリニテス・グラキリス　プファルツパイント産，6 cm，ジュラ博物館（アイヒシュテット）

(507) サッココマ・シュヴェルトシュラゲリ　アイヒシュテット産，3 cm，ライヒ氏蔵（ボーフム）

(506) ソラノクリニテス・グラキリス　ケルハイム産，7 cm，カリオプ博士蔵（レーゲンスブルク）

(508) サッココマ・テネラ　ブルーメンベルク産，4 cm，ジュラ博物館（アイヒシュテット）

にみえる．この種はテネラほど一般的ではなく，おそらく単なる保存上の変形を示すものである．

（507）*Saccocoma schwertschlageri* Walther, 1904
（508,509）*Saccocoma tenellum*（Goldfuss）

（509）サッココマ・テネラム（盛り上がった萼）アイヒシュテット産，4 cm，リューデル氏蔵（ミュンヘン）

棘皮動物 161

ヒトデ類 Starfishes

　ヒトデ類 Asteroidea は，その星のような外観から名づけられた［訳注：astero は「星」，oid は「～のようなもの」］．ほとんどのものが円盤状の中央部から出る5本の腕を備えており，その腕は程度の差はあるが深い切れ込みで相互に同形の部分に分けられている．口は腹面に位置する．ほとんどのヒトデ類は海底を這い歩き，動物を捕食している．石版石石灰岩ではいくつかの属が記載されているが，その全域としてはきわめてまれである．

　アルカステロペクテン属 *Archasteropecten*　少数の棘をもつ小さなヒトデ類．腕は広く，先端へ向けて先細りする．
（510）*Archasteropecten elegans*（Fraas, 1886）

　リタステル属 *Lithaster*　比較的ほっそりした腕の間に，深い切れ込みのある大きなヒトデ類．同じ動物がペンタケロス *Pentaceros* とオレアステル *Oreaster* の異名で知られている．
（511）*Lithaster jurassicus*（Zittel, 1884）

　ペンタステリア属 *Pentasteria*　その細長い腕と密に棘のある体で見分けられる．
（512）*Pentasteria* sp.

　テルミナステル属 *Terminaster*　深い切れ込みがあり，ほっそりとした腕をもつ．腕には棘があるが，ペンタステリア属よりはより少ない．
（513）*Terminaster cancriformis*（Quenstedt）

　未命名のヒトデ類　これまで石版石石灰岩からは記載されていなかった．（深い切れ込みではなく）浅い弯入が腕相互を分けている．おそらくノウィアステル属 *Noviaster* の一員である．
（514）未命名のヒトデ類

　未命名のヒトデ類　小さな種であるが，腕の基部は広く，腕の端は尖っており，縁板には棘がある．実は

（511）リタステル・ジュラシクス　ベームフェルト産，14 cm，バイエルン州立古生物学博物館（ミュンヘン）

（510）アルカステロペクテン・エレガンス　ゾルンホーフェン産，3.5 cm，ジュラ博物館（アイヒシュテット）

（512）ペンタステリア属の種　ベームフェルト産，7 cm，バイエルン州立古生物学博物館（ミュンヘン）

162 ● 棘皮動物

(513) テルミナステル・カンクリフォルミス　ベームフェルト産，5cm，ジュラ博物館（アイヒシュテット）

(514) 未命名のヒトデ類　パインテン産，5.5cm，ライヒ氏蔵（ボーフム）

この化石は科学的に研究中で，近い将来新しい学名がつけられるだろう．
(515) 未命名のヒトデ類

未命名のヒトデ類　より長くて比較的に狭い腕をもち，縁板に棘もある大型種である．実はこの化石も科学的に研究中で，近い将来新しい学名がつけられるだろう．
(516) 未命名のヒトデ類

未命名のヒトデ類　この小さなヒトデは未記載の新種か，あるいはリタステル属 *Lithaster* の未成体かもしれない．
(517) 未命名のヒトデ類

(515) 未命名のヒトデ類　ヒーンハイム産，3.9cm，カリオプ博士蔵（レーゲンスブルク）

(516) 未命名のヒトデ類　リード産，16cm，市立ミュラー博物館（ゾルンホーフェン），資料：レーパー／ロトゲンガー

(517) 未命名のヒトデ類　ヒーンハイム産，2.4cm，ビュルガー氏蔵（バート・ヘルスフェルト）

クモヒトデ類 Brittle Stars

ヒトデ類が常にたくましい体をもっているのに対して，クモヒトデ類（蛇尾類）Ophiuroidea は大部分がより小型で，より繊細さを残している．中心盤は触手によって完全に囲われてはいない．そのかわり，腕は互いに一定の間隔をとって個々に体から分岐しており，多数の節状につながった石灰板で構成された筒を形成している．これにより腕をヘビのように動かすことが可能になる．ほとんどが星形の口隙は，採餌と老廃物の排泄の両方に使われる．クモヒトデ類は失った腕を再生することができる．クモヒトデ類は石版石石灰岩の一部の場所ではかなり普通にみられるが，きわめて稀少な中に入る属もある．

ゲオコマ属 *Geocoma* 最も一般的なクモヒトデ類である．大量の堆積地が特にツァント付近で発見されている．カリナタ種 *G. carinata* の中心盤は各腕の間に弯入部があり，多少とも円形の口がある．プラナタ種 *G. planata* は顕著な5放射状の口と，よりまるい体をもっている．

(518-520) *Geocoma carinata* Goldfuss, 1833
(521) *Geocoma planata* Quenstedt

オフィオペトラ属 *Ophiopetra* この属はケルハイムの付近で発見された標本のみから知られている．いくぶん厚みがあり，棘のある腕とまるい中心盤がある．ここに示した種は以前はオフィオプサムムス・ケルハイメンシス *Ophiopsammus kelheimensis*（Boehm）として知られていた．より最近の研究で，実際はオフィオペトラ属に入るものと示唆されている．

(518) ゲオコマ・カリナタ　ツァント産，5cm，マクスベルク博物館（ゾルンホーフェン）

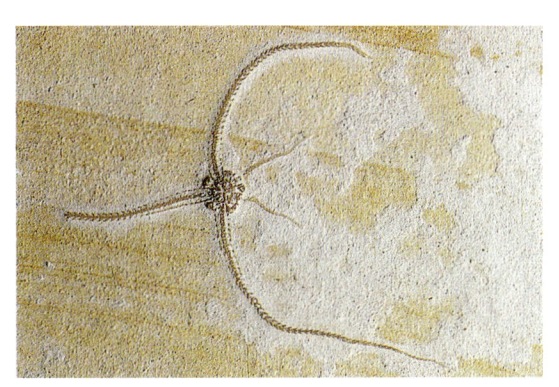

(520) ゲオコマ・カリナタ（腕2本再生中）　ツァント産，4cm，リューデル氏蔵（ミュンヘン）

(519) ゲオコマ・カリナタ（開いた体盤）　ツァント産，5.5cm，シュミット氏蔵（フランクフルト・アム・マイン）

(521) ゲオコマ・プラナタ　ツァント産，7cm，バイエルン州立古生物学博物館（ミュンヘン）

(522) オフィオペトラ・リトグラフィカ　ヴェルテンブルク産，4cm，ティシュリンガー氏蔵（シュタムハム）

(524) オフィウレラ・スペキオサ（明瞭な萼）　ゾルンホーフェン産，10cm，市立ミュラー博物館（ゾルンホーフェン）

(523) オフィウレラ・スペキオサ　ゾルンホーフェン産，14cm，テイラー博物館（オランダ，ハーレム）

(525) オフィウレラ属（？）の種　ゾルンホーフェン産，10cm，ティシュリンガー氏蔵（シュタムハム）

(522) *Ophiopetra lithographica* Enay & Hess, 1962

オフィウレラ属 *Ophiurella*　より長く，よりほっそりしたきわめてまれな属で，多数の棘がある腕をもつ．

(523, 524) *Ophiurella speciosa* Münster, 1831

このクモヒトデ類はオフィウレラ属に属しているかもしれないが，長い棘のある点が著しく異なる．

(525) *Ophiurella* (?) sp.

シノスラ属 *Sinosura*　この属は以前は石版石石灰岩では記載されていなかった．いくぶんオフィオペトラ

棘皮動物 ● 165

(526) シノスラ・ケルハイメンゼ　ヴェルテンブルク産，3.5 cm，ティシュリンガー氏蔵（シュタムハム）

(527) 未命名のクモヒトデ類　ゾルンホーフェン産，2.3 cm，ティシュリンガー氏蔵（シュタムハム）

属に似ているが，その腕は多少細く，明らかに棘は少ない．
(526) *Sinosura kelheimense*（Böhm, 1889）

未命名のクモヒトデ類　いくらかオフィウレラ属に似た点があるが，比較的厚みのある腕をもつ，ずっと小型のクモヒトデ類．
(527) 未命名のクモヒトデ類

未命名のクモヒトデ類　大きさはわずか数 cm で，この生物の触手は結節性の構造を示す．
(528) 未命名のクモヒトデ類

(528) 未命名のクモヒトデ類　ツァント産，2.5 cm，リューデル氏蔵（ミュンヘン）

ウニ類 Sea Urchins

ウニ類は腕や茎のない底生動物で，まるい形，ハート形やパンの塊状の殻を備えている．ドイツでの俗名「ゼーイーゲル Seeigel」（海のハリネズミ）は，多数の棘があることに由来している．殻は石灰質の小板からできているが，このグループの中で，より古いものは小板が屋根瓦のように緩く部分的に重なり合っていて，より新しいものはがっちりと一体になっている．口の開口部は殻の下面に，2番目の開口部は老廃物の排泄に利用される．「正形」ウニ類ではこの肛門は口の反対側の背面に位置する．「不正形」ウニ類では両開口部が下面に位置する．棘は合体していぼ状突起になる．棘は死後すぐに脱落するので，ほとんどの化石は棘のない殻だけをみせる．石版石石灰岩ではウニ類はまれだが，しばしば棘のある外皮層がついたままの良好な状態で保存されている．ウニ類はヒトデ類や茎のあるウミユリ類と同じで，猛烈な嵐で潟湖に押し流されてきたものと考えられる．ウニ類の化石がここではまれなことは，これで説明がつくだろう．

不正形ウニ類の唯一の「不正形」属を除くと，正形ウニ類だけがこの地域では発見されている．

ヘミキダリス属 *Hemicidaris*　平らな下面と凸面の背側をもつ正形ウニ類である．いぼ状突起が非常に大きい．棘はたくましい．

殻にはあまり多くの部位は残っていない．それとは対照的に，棘はすばらしい保存状態を示している．最長の棘は長さ14cmをこえる．なぜより多くの殻の断片が残らなかったのかという疑問が生じる．殻が破砕歯をもつ魚類とか他の捕食者に噛まれたと思うかもしれない．しかし，このような出来事は生物に適さない環境という概念とは調和しないだろう．海底での条件がある時期には生物にとってはそれほど不適でなく，底生生物が定住できたということがありうるのだろうか？　このように噛まれはしたが，軟部でつながったままのウニ類の殻が海の別の場所から流れてきたという可能性も考えられる．堆積地での古代海底の生活条件を議論することは，この場での関心の核心ではない．しかし，そのウニ類の殻がこのような条件下で運ばれたのかどうかという事実については考えなければならない（Ⅱ巻「石版石石灰岩の起源と化石化作用」参照）．
(529) *Hemicidaris* sp.

マグノシア属 *Magnosia*　比較的小さな殻で，反口側は高度にふくらみ，口側は比較的平らである．盤には小さな突起がある．知っているかぎりではこのウニ類はめったに発見されない．
(530) *Magnosia* sp.

(529) ヘミキダリス属の種　パインテン産，14 cm, ヴィーゼンミュラー博士蔵（ニュルンベルク）

棘皮動物 167

(530) マグノシア属の種　ツァント産，0.8 cm，キュムペル氏蔵（ヴッパータール）

(531) ヌクレオリテス属の種　ツァント産，2 cm，ヴルフ氏蔵（レーデルゼー）

(532) ヌクレオリテス属の種（棘を伴う）ツァント産，2.5 cm，ビュルガー氏蔵（バート・ヘルスフェルト）

(533) ヌクレオリテス属の種（棘）ツァント産，ビュルガー氏蔵（バート・ヘルスフェルト）

(534) ペディナ・リトグラフィカ　プファルツパイント産，4 cm，ジュラ博物館（アイヒシュテット）

ヌクレオリテス属 *Nucleolites*　この円形から卵形のウニ類の反口側には殻の中央に伸びる明瞭な溝が認められる．この溝に肛門がある．反対側の端に口があり，中庸のふくらみで囲まれている．概して不正形ウニ類の殻は棘のない状態で発見されることが多く，棘が本来の位置に残っているのはむしろ例外である．ここでは棘のない殻と，小さい尖った針に囲まれたものを示した．このような保存状態は例外中の例外である．
(531–533) *Nucleolites* sp.

ペディナ属 *Pedina*　平たいドーム状の殻をもつ大型の正形ウニ類である．いぼ状突起は小さく，非常に数が多い．棘は小さく狭く，先が尖っている．
(534, 535) *Pedina lithographica* Dames

フィモペディナ属 *Phymopedina*　ペディナ属 *Pedina* に非常によく似ているが，より厚みのあるいぼ状突起と，よりたくましい棘がある点が異なる．

(535) ペディナ・リトグラフィカ　プファルツパイント産，10 cm，バイエルン州立古生物学博物館（ミュンヘン）

(536) *Phymopedina* sp.

フィモソマ属 *Phymosoma*　扁平でドーム状の背側と比較的小さな囲肛部をもつ，非常に小型の正形ウニ類である．石版石石灰岩では以前に記載されたことはなかったとみられる．

(537, 538) *Phymosoma* sp.

完全に保存された顎部を伴う，もうひとつの標本を示す．ウニ類の歯は「アリストテレスの提灯」lantern of Aristotle とよばれている．この用語はギリシャの哲学者であり，自然科学者であったアリストテレス（紀元前384～322年）が，ウニ類のこの器官を提灯（ランタン）にたとえたことに由来する．彼のローマでの同業者である大プリニウス（紀元23～79年）が上にあげた用語をつくった．

(539) *Phymosoma* sp.

プレギオキダリス属 *Plegiocidaris*　大きな開口部と，両面で扁平化した殻をもつ正形ウニ類である．ある種のターバンのようにみえる．少数の大きないぼ状突起と，これに対応してたくましい棘がある．

(540, 541) *Plegiocidaris* sp.

(542) 未命名のキダリス類

プセウドディアデマ属 *Pseudodiadema*　扁平なドーム状の背面と多数の小さないぼ状突起があり，かなり長くほっそりした棘をもつ正形ウニ類である．

(543, 544) *Pseudodiadema lithographica* Bantz, 1969

プセウドサレニア属 *Pseudosalenia*　円形から弱い五角形になる，小型のウニ類である．棘は比較的長く筒状である．

(545) *Pseudosalenia aspera*（Agassiz, 1840）

大きないぼ状突起をもつこの小さなウニ類は，比較的短く，丈夫な棘が注意を引く．これもゾルンホーフェン層できわめてまれな化石である．

(546) *Pseudosalenia aspera*（Agassiz, 1840）

ピガステル属 *Pygaster*　もうひとつの不正形ウニ類である．正形ウニ類はめったに発見されないが，不正形ウニ類はよりいっそうまれである．このグループの円形で，ほとんど扁平な標本を図示した．側面からみるとほとんど枕のような印象を受ける．中央部の凸面は埋没時の圧密が原因かもしれない．

(536) フィモペディナ属の種　アイヒシュテット産，8cm, シュヴァイツァー氏蔵（ランゲンアルトハイム）

(537) フィモソマ属の種　ダイティング産，1.5cm, ティシュリンガー氏蔵（シュタムハム）

(538) フィモソマ属の種　アイヒシュテット産，1.5cm, クラウス氏蔵（ヴァイセンブルク）

(539) フィモソマ属の種　ヒーンハイム産，1.2cm, カリオプ博士蔵（レーゲンスブルク）

棘皮動物 ● 169

(540) プレギオキダリス属の種　アイヒシュテット産, 4 cm, シュミット氏蔵（フランクフルト・アム・マイン）

(541) プレギオキダリス属の種　パインテン産, 6 cm, ライヒ氏蔵（ボーフム）

(542) 未命名のキダリス類（棘を伴う）ランゲンアルトハイム産, 3 cm, シュヴァイツァー氏蔵（ランゲンアルトハイム）

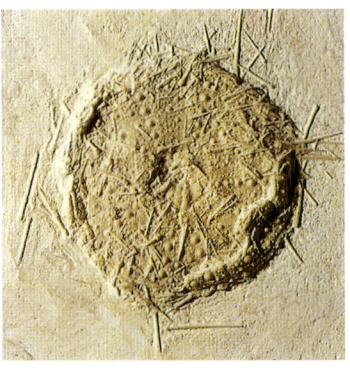

(543) プセウドディアデマ・リトグラフィカ　アイヒシュテット産, 4 cm, シュヴァイツァー氏蔵（ランゲンアルトハイム）

(544) プセウドディアデマ・リトグラフィカ（多くの棘）ヤッヘンハウゼン産, 3.5 cm, バイエルン州立古生物学博物館（ミュンヘン）

(545) プセウドサレニア・アスペラ　ケルハイム産, 2 cm, カリオプ博士蔵（レーゲンスブルク）

(546) プセウドサレニア・アスペラ　ヒーンハイム産, 1.2 cm, カリオプ博士蔵（レーゲンスブルク）

(547) *Pygaster* sp.

ピグルス属 *Pygurus*　不正形ウニ類．体後端が先細りしてまるみをもち，この動物はほぼハート形になっている．肛門は背側の後端にある．

(548) *Pygurus* sp.

ラブドキダリス属 *Rhabdocidaris*　石版石石灰岩から産する正形ウニ類の中で最も印象的であり，またおそらく最もまれなものである．ほとんど球状の殻は大きないぼ状突起と長くイバラのような棘をもっている．マイヤーリ種 *Rh. meyeri* の棘はより繊細である．

(549) *Rhabdocidaris meyeri* Bantz, 1969

(550) *Rhabdocidaris orbignyana* (Agassiz, 1910)

(551) *Rhabdocidaris* sp.

テトラグラムマ属 *Tetragramma*　両面が扁平な円形の殻をもつ正形ウニ類である．かなり大きないぼ状突起がある．棘は比較的短く，開口部は大きい．

(552) *Tetragramma* sp.

この標本は「アリストテレスの提灯」をみせている．テトラグラムマ属では反口側にある開口部はフィモソマ属に比べてそれほどまるくなく，いくぶんより四角

(549) ラブドキダリス・マイヤーリ　プファルツパイント産，10 cm，ジュラ博物館（アイヒシュテット）

(547) ピガステル属の種　ツァント産，2.8 cm，キュムペル氏蔵（ヴッパータール）

(550) ラブドキダリス・オルビニアナ　ケルハイム・ヴィンツァー産，7 cm，バイエルン州立古生物学博物館（ミュンヘン）

(548) ピグルス属の種　アイヒシュテット産，4.5 cm，クラウス氏蔵（ヴァイセンブルク）

(551) ラブドキダリス属の種　ゾルンホーフェン産，8 cm，ヘンネ氏蔵（シュトゥットガルト）

棘皮動物 ● 171

に近い．
（553）*Tetragramma* sp.

未命名のウニ類　長く，細く，かつては先が尖っていた（と思われる）棘が目を引く．このウニ類はアクロサレニア属 *Acrosalenia* の類縁に分類されるのかもしれない．
（554）未命名のウニ類

未命名のウニ類　これも不正形ウニ類である．石版石石灰岩ではまだ記載されていない．おそらくコリリテス属 *Collyrites* に類縁である．
（555）未命名のウニ類

未命名のウニ類の棘　この章は巨大なウニ類の棘の頂部で終わらせる．この頂部は5 cmはあるので，棘全体がかなり長かったことは容易に想像できる．このような棘をもつウニ類は巨大だったにちがいないが，実際には，ゾルンホーフェン層で発見されたウニ類に，上で述べたほど巨大な寸法を示すものは知られていない．
（556）未命名のウニ類の棘

未命名のウニ類の棘　長く細い棘は比較的短い鋭い

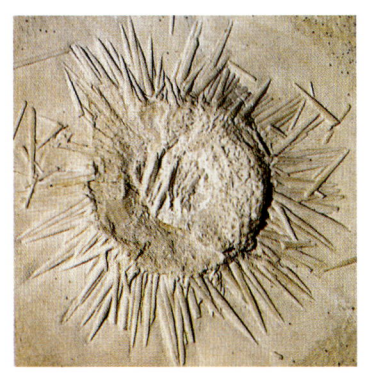

（552）テトラグラムマ属の種（多くの棘）　ゾルンホーフェン産，9 cm，バイエルン州立古生物学博物館（ミュンヘン）

（553）テトラグラムマ属の種　パインテン産，6 cm，ヴルフ氏蔵（レーデルゼー）

（554）未命名のウニ類　ツァント産，10 cm，レシュ氏蔵（クラウスタル）

（555）未命名のウニ類　ツァント産，2 cm，ヴォルフ氏蔵（レーデルゼー）

（556）未命名のウニ類の棘　ブライテンヒル産，5 cm，カスツメカート氏蔵（ゾルンホーフェン）

小棘でまわりを防御している．ポリキダリス類 polycidarid に属する可能性が最も高く，この事実は注目に値する．ゾルンホーフェン層ではこのような動物が発見されたのは，私の知るかぎり初めてである．
(557) 未命名のウニ類の棘

(557) 未命名のウニ類の棘　アイヒシュテット産，6 cm，ベルゲル博物館（ハルトホーフ）

棘皮動物 173

ナマコ類 Sea Cucumbers

ナマコ類 Holothuria はいろいろな生き方をもっている．あるものは砂に埋もれ，あるものは堆積物の表面で暮らし，さらにあるものは泳ぐことさえできる．それぞれの種は特定の生活様式によく適応した体壁を進化させている．掘り進む種類は一般に繊細なのに対し，表面にすむ種類は革のような皮膚で保護されている．他の棘皮動物と違い，ナマコ類は硬い装甲はもっていない．そのかわりに小骨は小さな石灰質の骨片に縮小している．口は多数の触手に囲まれている．ナマコ類は堆積物中の有機物を摂食している．

ナマコ類は全体が化石として保存されることはあまりない．しかし，個々の小骨はもっと頻繁に発見される．このことは石版石石灰岩にもあてはまる．完全に保存された動物はきわめて少ない．しかし，その骨片はナマコ類が過去において決してまれではなかったことを証明している．

プロトホロツリア属 Protoholothuria　体が最大6cmになるきわめてまれなナマコ類である．この生物は横ひだ状の一種の触手を頭に載せている．写真はたぶんこの属を表している．

(558) Protoholothuria (?) sp.

プセウドカウディナ属 Pseudocaudina　体は棍棒状で，かなり太ってみえる．縦方向の条線がはっきりわかる．触手を欠く．

(559) Pseudocaudina brachyura (Broili, 1932)

未命名のナマコ類　溝のある棍棒状で，平滑な体をしている．触手の基盤がみられる．

(560) 未命名のナマコ類

未命名のナマコ類　他のナマコ類にみられるような背側のふくらみがこの標本にはない．ゾルンホーフェ

(559) プセウドカウディナ・ブラキウラ　ランゲンアルトハイム産，14cm，バイエルン州立古生物学博物館（ミュンヘン）

(558) プロトホロツリア属（?）の種　アイヒシュテット産，4cm，バイエルン州立古生物学博物館（ミュンヘン）

(560) 未命名のナマコ類　ゾルンホーフェン産，10cm，ビュルガー氏蔵（バート・ヘルスフェルト）

ン層からこのようなナマコ類がまったく知られていなかったのか，それとも既知のナマコ類の保存状態のよい化石にすぎないのかは確かでない．さらに，形の違いは保存され方の違いによる可能性もある．

（561）未命名のナマコ類

（561）未命名のナマコ類　アイヒシュテット産，12.5 cm，クラウゼ氏蔵（シッファーシュタット）

半索動物 Hemichordata

ギボシムシ類 Acorn Worms

　半索動物は古生物学者や個人コレクターによく知られている．というのは，これらの化石の代表者である筆石類がこの一族に属すからである．筆石類はオルドビス紀とシルル紀の重要な示準化石だった．半索動物にはふたつの現生の大きなグループがある．筆石類と近縁な翼鰓綱 Pterobranchia と，腸鰓綱 Enteropneusta いわゆるギボシムシ類である．腸鰓類については，ゾルンホーフェン層でも，他の顕生代の系でも化石記録中では検認されていない．

　ギボシムシ類は現に世界規模に拡がり，海底堆積物中，主に浅海沿岸環境に個々にすんでいるが，より深い海洋環境でもみられる．この動物は至るところに繊毛があり，多数の鰓裂，長く伸びた咽頭があり，肛門は最口辺部に位置している．体長は 2 cm から 250 cm と幅がある．その体は明らかに 3 部からなる．たいていは短くて肉垂状の体前部は筋肉質で強靱で穴掘り用の吻部をもち，「ドングリ acorn」とよばれる．「ドングリ」はふくらんだ中間部（襟）と茎でつながっている．隣接した体部はまるい断面をもち，長く，蠕虫状である．この動物は「ドングリ」で土中を掘り進み，体後部を一時的に突き出して糞を出す．ギボシムシ類は海底で生物の有機堆積物を餌にしている．この動物の居場所は糞で簡単に突き止められる．すべての種が雌雄異体で，多数の卵を産み，それが浮遊性の幼体に孵化する．

　これらの動物の桁外れな再生力には注目すべきである．「ドングリ」と襟が切り離されると，体後部が原基を形成し，これから襟と「ドングリ」がもう一度形成される．バラノグロスス・カペンシス *Balanoglossus capensis* は繰り返しの絞扼で無性生殖の再生ができる．

　半索動物は確かに無脊椎動物に属するが，これらの動物は棘皮動物と脊索動物に近縁である．脊椎動物も尾索動物やナメクジウオ類（頭索動物）とともに脊索動物に属している．その他の点では半索動物は自然な分類群を形成するのかどうかという疑問がある．つまり，半索動物は単系統の起源をもっていたかどうか，あるいは半索動物が脊索動物により近縁であるような，ある種の系統発生的な段階を表しているのかどう

（562）メソバラノグロスス・ブエルゲリ　ヴィンタースホーフ産，67 cm，バイエルン州立古生物学・地史学博物館（ミュンヘン）

かといった疑問である．ゾルンホーフェン層から出た化石ギボシムシ類の最初の記載を以下に取り上げる．

メソバラノグロスス属（新属）*Mesobalanoglossus* gen. nov. Bechly & Frickhinger

模式種：メソバラノグロスス・ブエルゲリ（新種）*Mesobalanoglossus buergeri* sp. nov.

学名由来：中生代に産出し，現生のギボシムシ類バラノグロスス属 *Balanoglossus* に似ていることにちなむ．

標徴：標準種を参照．1属1種だからである．

メソバラノグロスス・ブエルゲリ（新種）
Mesobalanoglossus buergeri sp. nov. Bechly & Frickhinger

完模式標本：標本番号 BSP 1998 I 15，バイエルン州立古生物学・地史学博物館，ミュンヘン，ドイツ（BSPGM）

学名由来：完模式標本のコレクターのビュルガー氏 Peter Bürger（ドイツ，バート・ヘルスフェルト在）にちなむ．彼は価値ある標本をバイエルン州立古生物学・地史学博物館に快く譲与してくださった．

模式産地：南ドイツ，バイエルン州（バヴァリア），南フランケンアルプ，ヴィンタースホーフ

模式地層：ジュラ系上部，下部チトニアン，ヒボノトゥム帯，ゾルンホーフェン層

標徴と記載：「ドングリ」，襟，体幹の長さ約 68.8 cm．「ドングリ」は凹面の板上にそれだけがうっすらと認められ，長さは 1.7 cm，最大幅は 1.1 cm を示す．襟は長さ 4.2 cm，幅が 1.8～2.1 cm である（化石自体の中では，他の体部に比べ，いくぶん暗色を示す）．咽頭部位は保存されているが，まったく不明瞭である．咽頭部にある外見的に「刺毛」様のものは，体内の支持構造（隔骨格）と推定される．生殖器域は長さ 12.6 cm で著しく幅が広い（幅約 2.6 cm）．尾部は緩やかに末端へ向かって先細りし，より厚い基部は幅約 1.8 cm である．後端の肛門は保存されていない．腸は堆積物の厚い区画の形で保存された糞便を示しているらしい．

議論：注目すべき体の大きさと，大きくなった生殖部（生殖翼）は，この新種が現生種の半分を占めるプティコデラ科 Ptychoderidae の一員であることを示す．現生のバラノグロスス属 *Balanoglossus* の中で最大のギガス種 *B. gigas* にきわめてよく似ている．残存した3科はプティコデラ科よりも原始的な組織をもっている．したがって，最初の化石ギボシムシ類は相対的に「現代型の」グループに属することになる．このことは，ギボシムシ類の進化がこれまで知られていたよりも，地史上はるかに早い時点で起こったという事実を示している．このことはまた，動物学の立場から，また推定されている姉妹群（棘皮動物，脊索動物）の化石記録からも認めることができる．この最も古い例はカンブリア紀の堆積物から知られている．ギボシムシ類の化石記録がほとんど欠けていることは，このような軟体の底生生物が化石として保存されにくいことで説明できるかもしれない．

(562 – 564) *Mesobalanoglossus buergeri* gen. et sp. nov. Bechly & Frickhinger

(563) メソバラノグロスス・ブエルゲリ（襟）　ヴィンタースホーフ産，6 cm，バイエルン州立古生物学・地史学博物館（ミュンヘン）

(564) メソバラノグロスス・ブエルゲリ（鰓裂）　ヴィンタースホーフ産，7.5 cm，バイエルン州立古生物学・地史学博物館（ミュンヘン）

所収化石属名一覧

植物　　Plantae　plants　Pflanzen

藻類　　Chlorophyta etc.　algae　Algen

 Cyanophyceae（藍藻類）, *Phyllothallus*, Characeae（シャジクモ類）, *Clypeina, Goniolina, Petrascula*

シダ種子類とソテツ類　　Pteridospermales and Cycadopsida　seed ferns and palm ferns
Farnsamer und Palmfarnartige

 Sphenopteris, Cycadites, Cycadopteris, Bucklandia, Zamites, Sphenozamites

イチョウ類と針葉樹類　　Ginkgopsida and Coniferopsida　ginkgo and conifers
Ginkgo und Nadelholzgewächse

 Chondrites, Furcifolium, Athrotaxites, Araucaria, Brachyphyllum, Cyparisidium, Pagiophyllum, Palaeocyparis, Podozamites

無脊椎動物　　Invertebrata　invertebrates　Wirbellose

海綿動物　　Porifera　sponges　Schwämme

 Ammonella, Neuropora, Tremadictyon

腔腸動物　　Coelenterata　coelenterates　Hohltiere

 鉢虫類　Scyphozoa　scyphozoans　Quallen

 Cannostomites, Epiphyllina, Eulithota, Leptobrachites, Quadrimedusina, Rhizostomites, Semaeostomites

 ヒドロ虫類　Hydrozoa　hydrozoans　Hydratiere

 Acalepha, Acraspedites, Hydrocraspedota, "*Medusites*"

腕足動物　　Brachiopoda　brachiopods　Armfüßer

 Loboidothyris, "*Terebratula*"*, Septaliphoria, Lacunosella, Lingula,* "*Rhynchonella*"

軟体動物　　Mollusca　moluscs　Weichtiere

 マキガイ[腹足]類　Gastropoda　snails　Schnecken

 Aporrhais, Cuphosolenus, Dicroloma, Ditremaria, Globularia, Gymnocerithium, Neritopsis, Patella, Risselloidea, Rissoa, Spinigera

 斧足[二枚貝]類　Pelecypoda　bivalves　Muscheln

 Anomia, Arcomytilus, Astarte, Buchia, "*Cardium*"*, Chlamys, Entolium, Eopecten, Gervillia, Inoceramus, Lima(Plagiostoma), Liostrea, Pholadomya, Pinna,* "*Posidonia*"*, Solemya, Spondylopecten*

 頭足類　Cephalopoda　cephalopods　Kopffüßer

 オウムガイ類　Nautiloidea　nautiloids　Nautiliden

 Pseudaganides, Pseudonautilus

アンモナイト類　Ammonitina　ammonites　Ammoniten

Aspidoceras, Glochiceras, Gravesia, Hybonoticeras, Lithacoceras, Neochetoceras, Subplanites, Sutneria, Taramelliceras, Torquatisphinctes

ベレムナイト類　Belemnitida　belemnites　Belemniten

Acanthoteuthis, "Hibolithes", Raphibelus

鞘形［イカ］類　Coleoidea　cuttlefishes/squids　Tintenfische

Celaenoteuthis, Donovaniteuthis, Doryanthes, Leptotheuthis, Muensterella, Palaeololigo, Plesioteuthis, Trachyteuthis

環形動物　Annelida　annelids　Ringelwürmer

Ctenoscolex, Eunicites, Hirudella, Legnodesmus, Meringosoma, Muensteria, Palaeohirudo

節足動物　Arthropoda　arthropods　Gliederfüss(l)er/Arthropoden

カブトガニ［剣尾］類　Xiphosura　horseshoe crabs　Schwertschwänze

Mesolimulus

クモ［蛛形］類とウミグモ類　Arachnida and Pycnogonida　spiders and pycnogonids　Spinnentiere und Asselspinnen

"Stenarthron"

フジツボ［蔓脚］類　Cirripedia　cirripeds　Rankenfüßler

Archaeolepas

アミ類　Mysidacea　grass shrimps　Glaskrebse

Elder, Francocaris, Saga

ワラジムシ［等脚］類　Isopoda　isopods　Asseln

Palaega, Schweglerella, Urda

遊泳性エビ類(小型)　Natantia　shrimps　Schwimmkrebse

Acanthochirana, Aeger, Antrimpos, Blaculla, Bombur, Bylgia, Drobna, Dusa, Hefriga, Rauna, Udora, Udorella

歩行性エビ類(大型)　Reptantia　lobsters　Panzerkrebse

Cancrinos, Cycleryon, Eryma, Eryon, Etallonia, Glyphaea, Knebelia, Magila, Mecochirus, Nodoprosopon, Palaeastacus, Palaeopagurus, Palaeopentacheles, Palaeopolycheles, Palinurina, Phlyctisoma, Pseudastacus, Stenochirus

シャコ［口脚］類　Stomatopoda　mantis shrimps　Mundfüßer

Sculda

甲殻類の幼生　larvae of crustaceans　Krebslarven

Anthonema, Clausocaris, "Dolichopus", Mayrocaris, Naranda, Palpites, Phalangites, Phyllosoma

昆虫類　Insecta　insects　Insekten

カゲロウ［蜉蝣］類　Ephemeroptera　mayflies　Eintagsfliegen

Hexagenites, Empidia

トンボ［蜻蛉］類　Odonata　dragonflies　Libellen

Aeschnidium, Aeschnogomphus, Aeschnopsis, Anisophlebia, Bergeriaeschnidia, Cymatophlebia, Euphaeopsis, Isophlebia, Malmomyrmeleon, Mesuropetala, Nannogomphus, Prohemeroscopus, Prostenophlebia, Proterogomphus, Protolindenia, Protomyrmeleon, Stenophlebia, Tarsophlebia, Urogomphus

ゴキブリ類とシロアリ類　Blattodea and Isoptera　roaches and termites　Schaben und Termites

Gigantotermes, Lithoblatta, Megalocerca

"アメンボ類"　"Cheleutoptera"　"water-striders"　"Wasserläufer"

Propygolampis

キリギリスとコオロギ類　Ensifera and Grylloidea　locusts and crickets　Laubheuschrecken und Grillen
Conocephalites, Cyrtophyllites, Elcana, Jurassobatea, Pseudogryllacris, Pycnophlebia

カメムシ[異翅]類　Heteroptera　shield bugs　Wanzen
Ditomoptera, Mesobelostomum, Mesocorixa, Mesonepa, Notonectites, Palaeoheteroptera, Scarabaeides, Sphaerodemopsis, Stygeonepa

セミ類　Cicadoidea　cicadas　Zikaden
Archipsyche, Beloptesis, Eocicada, Limacodites, Prolystra, Protopsyche

アミメカゲロウ[脈翅]類　Neuroptera　lacewings　Netzflügler
Archegetes, Kalligramma, Kalligrammula, Mesochrysopa, Mesochrysopsis, Nymphites, Osmylites, Pseudomyrmeleon

シリアゲムシ[長翅]類　Mecoptera　panorpids　Schnabelhafte/Skorpionsfliegen
Orthophlebia

コウチュウ[甲虫]類　Coleoptera　beetles　Käfer
Actaea, Amarodes, Anisorhynchus, Apiaria, Buprestides, Cerambycinus, Chrysomelophana, Corydalis, Curculionites, Euthyreites, Galerucites, Geotrupoides, Hydrophilus, Malmelater, Notocupes, Omma, Opsis, Oryctites, Procalosoma, Procarabus, Prochrysomela, Pseudohydrophilus, Pseudothyrea, Pyrochroophana, Semiglobus, Silphites

ハチ[膜翅]類　Hymenoptera　hymenopte　Hautflügler
Myrmicium, Pseudosirex

トビケラ[毛翅]類　Trichoptera　caddis flies　Köcherfliegen
Mesotaulius

ハエ[双翅]類　Diptera　diptera　Zweiflügler
Prohirmoneura, Tipularia

棘皮動物　Echinodermata　echinoderms　Stachelhäuter

ウミユリ類　Crinoidea　sea lilies　Seelilien
Comaturella, Millericrinus, Solanocrinites, Saccocoma

ヒトデ[海星]類　Asteroidea　starfishes　Seesterne
Archasteropecten, Lithaster, Pentasteria, Terminaster

クモヒトデ[蛇尾]類　Ophiuroidea　brittle stars　Schlangensterne
Geocoma, Ophiopetra, Ophiurella, Sinosura

ウニ類　Echinoidea　sea urchins/echinoids　Seeigel
Hemicidaris, Magnosia, Nucleolites, Pedina, Phymopedina, Phymosoma, Plegiocidaris, Pseudodiadema, Pseudosalenia, Pygaster, Pygurus, Rhabdocidaris, Tetragramma

ナマコ類　Holothuroidea　sea cucumbers　Seegurken
Protoholothuria, Pseudocaudina

半索動物　Hemichordata　hemichordates　Kragentiere

ギボシムシ[腸鰓]類　Enteropneusta　acorn worms　Eichelwürmer
Mesobalanoglossus

180 ● 所収化石属名一覧

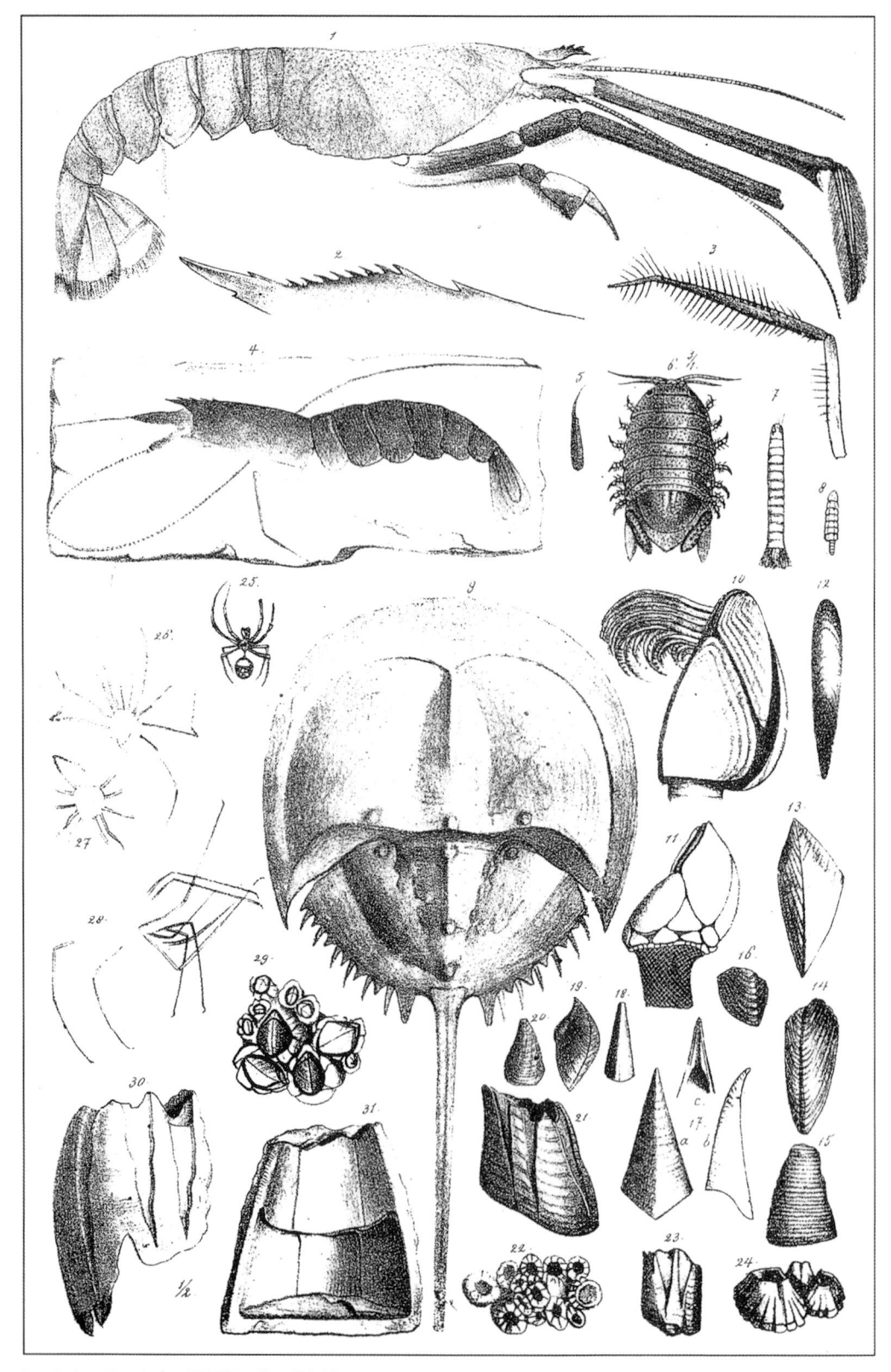

クエンシュテット産の甲殻類，化石学便覧 *Handbuch der Petrefaktenkunde*，1867 年

原著1巻参考文献

ABEL, O. (1927). Lebensbilder aus der Tierwelt der Vorzeit, G. Fischer Verlag, Jena.

ABEL, O. (1930). Fährtenstudien I. Über Schwimmfährten von Fischen und Schildkröten aus dem lithographischen Schiefer Bayerns. Paläobiologica. **3**, 371-412.

ABEL, O. (1935). Vorzeitliche Lebensspuren XV, G.Fischer Verlag, Jena.

AMMON, L.v. (1882). Ein Beitrag zur Kenntnis der vorweltlichen Asseln. – S. B. Akad. Wiss. München, math.-phys. Cl., **12**, S. 507-550, Tafl. 1-4, München.

AMMON, L.v. (1886). Über neue Exemplare von jurassischen Medusen. – Abh. Bayer. Akad. Wiss. math.-naturw. Kl., **15**, S.120-165, 3 Abb., Taf. 1,2, München.

AMMON, L.v. (1906). Über jurassische Krokodile aus Bayern. – Geogn. Jh., **18** (1905), S. 55-71.

AMMON, L.v. (1919). Über Seeigel mit erhaltener Stachelbewaffnung aus dem Juraplattenkalk. – Geogn. Jh., **29-30**, S. 315-319, 3 Abb., München.

ANDREAE, A. (1893). *Acrosaurus frischmanni* H. v. MEYER, ein dem Wasserleben angepaßter Rhynchocephale von Solnhofen. – Ber. Senckenb. Naturf. Ges., S.21 ff., Frankfurt/M.

ARRATIA, G. (1987a). *Orthogonikleithrus leichi* n. gen., n.sp. (Pisces: Teleostei) from the Late Jurassic of Germany. – Paläontologische Zeitschrift, **61** (3/4), 309-20.

ARRATIA, G. (1987b). *Anaethalion* and similar teleosts (Actinopterygii, Pisces) from the Jurassic (Tithonian) of Southern Germany and their relationships. – Palaeontographica, **200-A**, 1-44.

ARRATIA, G. (1991). The caudal skeleton of Jurassic teleosts; a phylogenetics analysis. In: CHANG, M.M., LIU, Y.-H. & ZHANG, G.-R. (eds.) Early vertebrates and related problems in evolutionary biology. 249-322. Beijing: Science Press.

ARTHUR, M.A., ANDERSON, T.F., KAPLAN, T.F. VEIZER, J. & LAND, L.S. (1983). Stable Isotopes in Sedimentary Geology. Society of Economic Paleontologists and Mineralogists, Short Course No.10, Dallas.

ASSMANN, A. (1857). Über die von GERMAR beschriebenen und im paläontologischen Museum zu München befindlichen Insekten aus dem lithographischen Schiefer Bayerns. – Amt. Ber. Vers. deutsch. Naturf. Ärzt. München, S. 191-192.

BAIER, J.J. (1708). Oryktographia Norica sive rerum fossilium et ad minerale regnum pertinentium in territorio Norimbergensi ejusque vicinia observatarum succincta descriptio, Nürnberg.

BAIER, J.J. (1730). Sciagraphia musei sui. Accedunt Supplementa Oryctographia Noricae. Act. Phys.- Med. Acad. Caes. Leop.-Carol. Nat. Cur.II. Appendix, Frankfurt, Leipzig, Nürnberg.

BAKKER, R.T. (1975). Dinosaur renaissance. Scientific American. **232** (4), 58-78.

BANTZ, H.-U. (1969). Echinodea aus Plattenkalken der Altmühlalb und ihre Biostratinomie. Erlanger geologische Abhandlung, **78**, 35 pp.

BARALE, G., BLANC-LOUVEL, C., BUFFETAUT, E., COURTINAT, B., PEYBERNES, B., BOARDA, L.V. & WENZ, S. (1984). Les gisements de calcaires lithographiques de Crétacé Inférieur du Montsech (Province de Lerida, Espagne), considerations paläoécologiques. Geobios Mémoire spéciale, **8**, 275-83.

BARTHEL, K.W. (1964). Zur Entstehung der Solnhofener Plattenkalke (unteres Untertithon). Mitteilungen der Bayerischen Staatssammlung für Paläontologie und historische Geologie, **4**, 37-69.

BARTHEL, K.W. (1966). Concentric marks: current indicators. Journal of Sedimentary Petrology, **36**, 1156-62.

BARTHEL, K.W. (1970). On the deposition of the Solnhofen lithographic limestone (Lower Tithonian, Bavaria, Germany). Neues Jahrbuch für Geologie und Paläontologie. Abhandlungen, **135** (1), 1-18.

BARTHEL, K.W. (1972). The genesis of the Solnhofen lithographic limestone (Low. Tithonian): further data and comments. Neues Jahrbuch für Geologie und Paläontologie. Monatshefte, **1972**, (3), 133-45.

BARTHEL, K.W. (1974). *Limulus*: a living fossil. Horseshoe crabs aid interpretation of an Upper Jurassic environment (Solnhofen). Naturwissenschaften, **61**, 428-33.

BARTHEL, K.W. (1976). Coccolithen, Flugstaub und Gehalt an organischen Substanzen in Plattenkalken Bayerns und SE-Frankreichs. Eclogae Geologicae Helvetiae, **69**, 627-39.

BARTHEL, K.W. (1978). Solnhofen: Ein Blick in die Erdgeschichte, Ott-Verlag, Thun.

BARTHEL, K.W., JANICKE, V. & SCHAIRER, G. (1971). Untersuchungen am Korallen-Riffkomplex von Laisacker bei Neuburg a.D. (unteres Untertithon, Bayern). Studies on the coral reef complex of Laisacker near Neuburg a.D. (Lower Tithonian, Bavaria). Neues Jahrbuch für Geologie und Paläontologie. Monatshefte, **1971** (1), 4-23.

BARTHEL, K.W. & SCHAIRER, G. (1977). Die Cephalopoden des Korallenkalks aus dem Oberen Jura von Laisacker bei Neuburg a.d. Donau. II. *Glochiceras, Taramelliceras, Neochetoceras* (Ammonoidea). Mitteilungen der Bayerischen Staatssammlung für Paläontologie und historische Geologie, **17**, 103-227.

BARTRAM, A.W.H. (1975). The holostean fish genus *Ophiopsis* AGASSIZ. Zool. Soc., **56**, 183-205.

BAUSCH, W.M. (1963). Der Obere Malm am unteren Altmühltal. Nebst einer Studie über das Riff-Problem. Erlanger geologische Abhandlung, **49**, 38 pp.

BAUSCH, W.M. (1980). Tonmineralprovinzen in Malmkalken. Erlanger Forschung Reihe B, Naturwissenschaften und Medizin, **8**, 13-21.

BEAUMONT, G. de (1960). Observations préliminaires sur trois Sélaciens nouveaux du Calcaire lithographique d'Eichstätt (Bavière). Eclogae Geologicae Helvetiae, **53**, 315-28.

BEHR, K. & BEHR, H.-J. (1976). Cyanophyten aus oberjurassischen Algen-Schwammriffen. Cyanophyta from Upper Jurassic algal-sponge reefs. Lethaia, **9**, 283-92.

BIESE, W. (1927). Über einige Pholidophoriden aus den lithographischen Schiefern Bayerns. – N. Jb. Mineral usw. Abt. B., Beil-Bd., **58**, S. 50-100, 25 Abb., Taf. 5-8, Stuttgart.

BRÄM,H. (1965). Die Schildkröten aus dem oberen Jura (Malm) der Gegend von Solothurn. Schweizerische Paläontologische Abhandlung, **83**, 190 pp.

BRASIER, M.D. (1980). Microfossils. Allen & Unwin, Hemel Hempstead.

BROILI, F. (1926). Eine Holothurie aus dem oberen Jura von Franken. Sitzungsberichte der Bayerischen Akademie der Wissenschaften. Mathematisch-naturwissenschaftliche Klasse **1926**, 341-51.

BUISONJÉ, P.H. de (1972). Recurrent red tides, a possible origin of the Solnhofen limestone. (I/II). Proceedings. Koninklijk Nederlandse Akademie van Wetenschappen, **75** (2), 152-77.

BUISONJÉ, P.H. de (1985). Climatological conditions during deposition of the Solnhofen limestones. In: M.K. HECHT, J.H. OSTROM, G.VIOHL & P. WELLNHOFER (eds.), The Beginnings of Birds, Proceedings of the International Archaeopteryx Conference, 1984, Freunde des Jura-Museums, Eichstätt, 45-65.

CARPENTER, F.M. (1931). Jurassic insects from Solnhofen in the Carnegie Museum and the Museum of Comparative Zoology. Annals Carnegie Museum, **21**, 97-129.

CASTER, K.E. (1940). Die sogenannten "Wirbeltierspuren" und die *Limulus*-Fährten der Solnhofener Plattenkalke. Paläontologische Zeitschrift, **22**, 19-29.

CHARIG, A.J., GREENAWAY, F., MILNER, A.C., WALKER, C.A. & WHYBROW, P.J. (1986). *Archaeopteryx* is not forgery. Science, **232**, 622-6.

COCUDE-MICHEL, M. (1963a). Les rhynchocéphales et les sauriens des calcaires lithographiques (Jurassique supérieur) de l'Europe occidentale. Thèse Université de Nancy.

COCUDE-MICHEL, M. (1963b). Les rhynchocéphales et les sauriens des calcaires lithographiques (Jurassique supérieur) de l'Europe occidentale. Nouvelles Archives du Musée Naturelle de Lyon, Fasc., **7**.

CODEZ, J. & SAINT-SEINE, R. de (1957). Révision des Cirripèdes acrothoraciques fossiles. Bull. Soc. géol. France, 6me Ser., **7**, S. 699-719.

COWEN, R. & LIPPS, J.H. (1982). An adaptive scenario for the origin of birds and of flight in birds. In: Third North American Palaeontological Convention, Proceedings Vol. 1, 109-11.

DAMES, W. (1879). *Pedina lithographica*. – N. Jb. Mineral. usw., S.729, Stuttgart.

DEICHMÜLLER,J.V. (1886). Die Insecten aus dem lithographischen Schiefer im Dresdener Museum. – Mitt. Mineral. Geol. Prähistor. Mus. Dresden, 7, 88 S., 5 Taf., Cassel.

EASTMAN, C.R. (1914). Catalog of the fossil fishes in the Carnegie Museum, Part 3, descriptive catalog of the fossil fishes from the lithographic stone of Solnhofen, Bavaria. Mem. Carn. Mus. **6**, no.7, 389-423.

EDLINGER, G. von (1964). Faziesverhältnisse und Tektonik der Malmtafel nördlich Eichstätt/Mfr. mit feinstratigraphischer und paläontologischer Bearbeitung der Eichstätter Schiefervorkommen. Erlanger geologische Abhandlung, **56**, 75 pp.

EDLINGER, G. von (1966). Zur Geologie des Weißen Jura zwischen Solnhofen und Eichstätt (Mfr.). Erlanger geologische Abhandlung, **61**, 20 pp.

EHLERS,E. (1868). Über eine fossile Eunicee aus Solnhofen. – Z. Wiss. Zool., **18**, S.421 ff.

ENAY, R. & HESS, H. (1970). Nouveaux gisements à Stelléroides dans le Kimméridgian supérieur (Calcaires en plaquettes) du Jura méridional - Ain France. Eclogae Geologicae Helvetiae, **63**, 1093-1107.

ENGESER, T. (1986). Beschreibung einer wenig bekannten und einer neuen Coleoiden-Art (Vampyromorphoidea, Cephalopoda) aus dem Untertithonium von Solnhofen und Eichstätt/Bayern. Archaeopteryx, Jahreszeitschrift der Freunde des Jura-Museums Eichstätt, **4**, 27-35.

ENGESER, T. & REITNER, J. (1981). Beiträge zur Systematik von phragmokontragenden Coleoiden aus dem Untertithonium (Malm zeta "Solnhofener Plattenkalk" von Solnhofen und Eichstätt/Bayern). Neues Jahrbuch für Geologie und Paläontologie. Monatshefte, **198**1 (9), 527-45.

FEDUCCIA, A. & TORDOFF, H.B. (1979). Feathers of Archaeopteryx: Asymmetric vanes indica te aerodynamic function. Science, **203**, 1021-2.

FESEFELDT, K. (1962). Schichtenfolge und Lagerung des oberen Weißjura zwischen Solnhofen und der Donau (Südliche Frankenalb). Erlanger geologische Abhandlung, **46**, 80 pp.

FISHER, D.C. (1975b). Swimming and burrowing in *Limulus* and *Mesolimulus*. Fossils and Strata, **4**, 281-90.

FLÜGEL, R. & FRANZ, H. E. (1967). Elektronenmikroskopischer Nachweis von Coccolithen im Solnhofener Plattenkalk (Oberer Jura). Neues Jahrbuch für Geologie und Paläontologie. Abhandlungen, **127**, (3), 245-63.

FÖRSTER, R. (1966). Über die Erymiden, eine alte konservative Familie der mesozoischen Dekapoden. Palaeontographica, **125**, A, S. 61-175.

FÖRSTER, R. (1967). Zur Kenntnis natanter Jura-Dekapoden. Mitteilungen der Bayerischen Staatssammlung für Paläontologie und historische Geologie, **7**, 157-74.

FÖRSTER, R. (1971). Die Mecochiridae, eine spezialisierte Familie der mesozoischen Glyphaeoidea (Crustacea, Decapoda), N. Jb. Paläont., Abh. 137, S. 396-421.

FÖRSTER, R. (1973). Untersuchungen an oberjurassischen Palinuridae (Crustacea, Decapoda). Mitteilungen der Bayerischen Staatssammlung für Paläontologie und historische Geologie, München, **13**, 31-46, 8 Abb.

FOREY; P.L. (1973). A review of the elopiform fishes, fossil and recent, Bull. Brit. Mus. Nat. Hist. (Geol.) Suppl. **10**, 222 pp.

FRAAS, E. (1902). Die Meer-Crocodilier (Thalattosuchia) des oberen Jura unter specieller Berücksichtigung von *Dacosaurus* und *Geosaurus*. Palaeontogr., **49**, S. 1-72, Stuttgart.

FREYBERG, B., von (1958). Johann Jacob Baiers Oryktographia Norica nebst Supplementen. B. von FREYBERG, H.HERMANN & F.HELLER (eds.). Erlanger geologische Abhandlung, **29**, 133 pp.

FREYBERG, B., von (1964). Geologie des Weissen Jura zwischen Eichstätt und Neuburg/Donau (Südliche Frankenalb)., Erlanger geologische Abhandlung, **54**, 97 pp.

FREYBERG, B., von (1968). Übersicht über den Malm der Altmühl-Alb. Erlanger geologische Abhandlung, **70**, 37 pp.

FREYBERG, B., von (1972). Die erste erdgeschichtliche Erforschungsphase Mittelfrankens (1840-1847). Eine Briefsammlung zur Geschichte der Geologie, erläutert von B.von FREYBERG, Erlanger geologische Abhandlung, **92**, 33 pp.

FREYBERG, B., von (1974a). Das geologische Schrifttum über Nordost-Bayern (1476-1965). Teil I, Bibliographie. Geologica Bavarica, **70**, 476 pp.

FREYBERG, B., von (1974b). Das geologische Schrifttum über Nordost-Bayern. (1476-1965). Teil II, Bibliographisches Autoren-Register. Geologica Bavarica, **71**, 177 pp.

FRICKHINGER, K.A. (1985). Krebse aus Solnhofen. Fossilien (3 und 4).

FRICKHINGER, K.A. (1985). Libellen. Fossilien (6).

FRICKHINGER, K.A. (1989-90). Die Fische von Solnhofen. Fossilien (5, 1, 2, und 3).

FRICKHINGER, K.A. (1991). Fossilien-Atlas Fische. Mergus-Verlag.

FRISCHMANN, L. (1853). Versuch einer Zusammenstellung der bis jetzt bekannten Thier-

und Pflanzen-Überreste des lithographischen Kalkschiefers in Bayern. Programm des bischöflichen Lyceums Eichstätt.

GALL, J.-C. & BLOT, J. (1980). Rémarquables gisements fossilifères d'Europe occidentale. Fine fossiliferous localities in Western Europe. Geobios. Mémoire spéciale, **4**, 113-75.

GERMAR, E.F. (1827). Über die Versteinerungen von Solnhofen. Keferstein, Teutschland Geogn.-Geol. dargestellt, **4**, 2, 89-110.

GERMAR, E.F. (1837). Über die versteinerten Insecten des Juraschiefers von Solnhofen aus der Sammlung des Grafen zu Münster. – Isis, S. 421-424, Leipzig.

GERMAR, E.F. (1839). Die versteinerten Insecten Solnhofens. – Nova Acta Leopold, **19**, S. 189-222, Taf. 21 bis 23, Halle/Saale.

GERMAR, E.F. (1842). Beschreibung einiger neuer fossiler Insekten in den lithographischen Schiefern etc. – Beitr. Petrefactenkd., **5**, S. 79-94 Taf. 9,13, Bayreuth.

GLAESSNER, M.F. (1969). Decapoda. In: Treatise on Invertebrate Palaeontology (Herausg. R.C. Moore). Part R, Arthropoda 4,2, R399-R533, Lawrence (Kansas Univ.Press).

GOCHT, H. (1973). Einbettungslage und Erhaltung von Ostracoden-Gehäusen im Solnhofener Plattenkalk (Unter-Tithon, SW-Deutschland). Burial position and preservation of ostracod carapaces in the Solnhofen lithographic limestone. N. Jb. Geol. und Paläont. Monatshefte, **1973**, (4) 189-206.

GOLDRING, R. & SEILACHER, A. (1971). Limulid undertracks and their sedimentological implications. Neues Jahrbuch für Geologie und Paläontologie. Abhandlungen, **137**, (3), 422-42.

GOLUBIC, S. (1973). The relationship between blue-green algae and carbonate deposition. In: N.G.CARR & B.A. WHITTON (eds.), The Biology of Blue-Green Algae, Blackwell, London, 434-72.

GOULD, S.J. (1987). The fossil fraud that never was. New Scientist, **113**, 32-6.

GROISS, J.T. (1967). Mikropaläontologische Untersuchungen der Solnhofener Schichten im Gebiet um Eichstätt (Südliche Frankenalb). Erlanger geologische Abhandlung, **66**, 75-96.

GROISS, J.T. (1975). Eine Spurenplatte mit *Kouphichnium (Mesolimulus) walchi* (DESMAREST, 1822) aus Solnhofen. Geologische Blätter für Nordost-Bayern, **25**, 80-95.

GÜMBEL, C.W. von (1894) Geologie von Bayern. II. Geologische Beschreibung von Bayern. VIII, T. Fischer Verlag, Cassel.

HAASE, E., (1890). Beiträge zur Kenntnis der fossilen Arachniden. – Z. deutsch. geol. Ges., **42**, S. 629-657, Taf.30, 31, Berlin.

HADDING, A. (1958). Origin of the lithographic limestones. Kunglige Fysiografiska Sällskapets I Lund Förhandlingar, **28**, 21-32.

HAECKEL, E. (1866). Über zwei neue fossile Medusen aus der Familie der Rhizostomiden. – N. Jb. Mineral. usw., S. 257-282, Taf. 5-6, Stuttgart.

HAECKEL; E. (1870). Über die fossilen Medusen der Jurazeit. – Z. Wiss. Zool. **19**, S. 554-561. Taf.42.

HAGEN, A. (1866). Die Neuropteren des lithographischen Schiefers in Bayern. – Palaeontgr., **15**, S. 57-96, Taf. 11-14.

HANDLIRSCH, A. (1937). Neue Untersuchungen über fossile Insekten. – Ann. Naturhist. Mus. Wien, I, S. 1-140, Wien.

HARRINGTON, H.J. & MOORE, R.C. (1956, 1963). Scyphomedusae. In: Treatise on Invertebrate Palaeontology. (Herausg. R.C. Moore), Part F, Coelenterata, F.38-F.53, Lawrence (Univ. Kansas Press.)

HECHT, M.K., OSTROM, J.H., VIOHL, G. & WELLNHOFER, P. (eds.) (1985). The Beginning of Birds, Proceedings of the International Archaeopteryx Conference, 1984, Freunde des Jura-Museums, Eichstätt.

HEIMBERG, G. (1949). Neue Fischfunde aus dem Weißen Jura von Württemberg. Palaeontographica, **97-A**, 75-98.

HELLER, F. (1959). Ein dritter *Archaeopteryx*-Fund aus den Solnhofener Plattenkalken von Langenaltheim/Mfr. Erlanger geologische Abhandlung, **31**, 25 pp.

HELLER, F. (1961). "Die Eichstätter Spinnensteine". Geol. Bl. N.-O.-Bayern, **II**, 158-214.

HEMLEBEN, C. (1977). Autochthone und allochthone Sedimentanteile in den Solnhofener Plattenkalken. (Autochthonous and allochthonous components in the Solnhofen lithographic limestones.) Neues Jahrbuch für Geologie und Paläontologie. Monatshefte, **1977**, (4), 257-71.

HEMLEBEN, C. & SWINBURNE, N.H.M. (in print). Cyclic deposition of the plattenkalk facies. In: Cycles and Events in Stratigraphy, G. EINSELE, W. RICKEN & A. SEILACHER (eds.) Springer Verlag.

HESS, H. (1977). Neubearbeitung des Seesterns *Pentaceras jurassicus* aus den Solnhofener Plattenkalken. (Redescription of the starfish *Pentaceras jurassicus* from the Solnhofen limestone, Lower Tithonian, Bavaria). Neues Jahrbuch für Geologie und Paläontologie, Monatshefte, **1977**, (6), 321-30

HESS, H. (1986). Ein Fund des Seesterns *Terminaster cancriformis* (QUENSTEDT) aus den Solnhofener Plattenkalken. Archaeopteryx, Jahreszeitschrift der Freunde des Jura- -Museums Eichstätt, **4**, 47-50.

HIRMER, M. (1924). Zur Kenntnis von *Cycadopteris* ZIGNO, Palaeontographica, **66**, 127-62.

HOFFSTETTER, R. (1964). Les Sauria du Jurassique supérieur et spécialment les Gekkota de Bavière et de Mandchourie. Senckenbergiana Biologia, **45**, 281-324.

HOLTHUIS, L.B. & MANNING, R.B. (1969). Stomatopoda. Wie bei GLAESSNER, Arthropoda 4,2, R535-R552.

HOWGATE, M.E. (1984a). The teeth of *Archaeopteryx* and a reinterpretation of the Eichstätt specimen. Zoological Journal of the Linnean Society, **82**, 159-75.

HOWGATE, M.E. (1984b). On the supposed difference between the teeth of the London and Berlin specimens of *Archaeopteryx lithographica*. N. Jahrb. für Geologie und Paläontologie. Monatshefte. **1984**, (11), 654-60.

HOYLE, F. & WICKRAMASINGHE, C. (1986). *Archaeopteryx*, the Primordial Bird; A Case of Fossil Forgery, Christopher Davies, Swansea.

HÜCKEL, U. (1974a). Vergleich des Mineralbestandes der Plattenkalke Solnhofens und des Libanon mit anderen Kalken. (Comparison of the mineral content of lithographic limestones from Solnhofen and the Lebanon with other limestones.) Neues Jahrbuch für Geologie und Paläontologie. Abhandlungen, **145**, 155-82.

HUENE, F. v. (1925). Eine neue Rekonstruktion von *Compsognathus* Cbl.Mineral. etc., Abt. B 1925, S.157-160.

JANICKE, V. (1969). Untersuchungen über den Biotop der Solnhofener Plattenkalke. Mitteilungen der Bayerischen Staatssammlung für Paläontologie und historische Geologie, **9**, 117-81.

JANICKE, V. (1970a). *Lumbricaria* – ein Cephalopoden-Koprolith. Neues Jahrbuch für Geologie und Paläontologie. Monatshefte, **1970**, (1), 50-60.

JANICKE, V. (1970b). Ein *Strobilodus* als Speiballen im Solnhofener Plattenkalk (Tiefes Untertithon, Bayern). Neues Jahrbuch für Geologie und Paläontologie. Monatshefte, **1970**, (1), 61-4.

JANICKE, V. & SCHAIRER, G. (1970). Fossilerhaltung und Problematica aus den Solnhofener Plattenkalken. Neues Jahrbuch für Geologie und Paläontologie. Monatshefte, **1970**, (8), 452-64.

JUNG, W. (1974a). Der zweite Fund von *Arthrotaxites lycopodioides* UNGER in den Plattenkalken des fränkischen Jura. Geologische Blätter für Nordost-Bayern, **24**, 194-200.

JUNG, W. (1974b). Die Konifere *Brachyphyllum nepos* SAPORTA aus den Solnhofener Plattenkalken (unteres Untertithon), ein Halophyt. Mitteilungen der Bayerischen Staatssammlung für Paläontologie und historische Geologie, **14**, 48-58.

KAUFFMANN, E.G. (1978). Short-lived benthic communities in the Solnhofen and Nusplingen limestones. Neues Jahrbuch für Geologie und Paläontologie. Monatshefte, **1978**, (12), 717-24.

KEUPP, H. (1976a). Kalkiges Nannoplankton aus den Solnhofener Schichten (Unter-Tithon, Südliche Frankenalb). (Calcareous nannoplankton from the Solnhofen limestones (L.Tithonian, Bavaria). Neues Jahrbuch für Geologie und Paläontologie. Monatshefte, **1976**, 361-81.

KEUPP, H. (1976b). Der Solnhofener Plattenkalk – Ein neues Modell seiner Entstehung. Natur und Mensch (Jahresmitteilungen der Naturhistorischen Gesellschaft Nürnberg e.V.), **1976**, 19-36.

KEUPP, H. (1977a). Ultrafazies und Genese der Solnhofener Plattenkalke (Oberer Malm, Südliche Frankenalb). Abh. der Naturhistorischen Gesellschaft Nürnberg e.V., **37**.

KEUPP, H. (1977b). Der Solnhofener Plattenkalk – ein Blaugrünalgen-Laminit. (The Solnhofen Limestone – a laminite of coccoid blue-green algae.) Paläontologische Zeitschrift, **51** (1/2), 102-16.

KEUPP, H. (1977c). Fossil deeper-water lagoonal limites without recent counterparts (Solnhofen lithographic limestones, Upper Jurassic, Germany). Proceedings of the 3rd International Coral Reef Symposium, **2**, 61-4.

KEUPP, H. (1978). Das kalkige Nannoplankton der "Roten Mergel" (Tithon-Basis) in der Südlichen Frankenalb und ein Assemblage-Vergleich mit anderen Proben des oberen Weißjura. Geologische Blätter für Nordost-Bayern, **28**, (2/3), 80.

KIESLINGER, A. (1924). Revision der Solnhofener Medusen. Palaeontol. Z., **21**, S. 287-296, Berlin.

KOLB, A. (1951a). *Hydrocraspedota mayri* n.gen. n.sp., eine Hydromeduse aus den Plattenkalken von Pfalzpaint. Geologische Blätter für Nordost-Bayern, **I**, 113-27.

KOLB, A. (1951b). Die erste Meduse mit Schleifspur aus den Solnhofener Schiefern. Geologische Blätter für Nordost-Bayern, **1**, 63-9.

KOLB, A. (1963). Riesige *Limulus*-Fährte aus den lithographischen Schiefern von Pfalzpaint. Geologische Blätter für Nordost-Bayern, **13**, 73-8.

KOLB, A. (1967). Ammoniten-Marken aus dem Solnhofener Schiefer bei Eichstätt (ein weiterer Beweis für die Oktopoden-Organisation der Ammoniten). Geologische Blätter für Nordost-Bayern, **17**, 21-37.

KOZUR, H. (1970). Zur Klassifikation und phylogenetischen Entwicklung der fossilen Phyllodocida und Eunicida (Polychaeta). Freiberger Forschungshefte, Reihe C, **260**, 35-81.

KOZUR, H. (1971). Die Eunicida und Phyllodocida des Mesozoikums. Freiberger Forschungshefte, Reihe C, **267**, 73-89.

KRÄUSEL, R. (1943). *Furcifolium longifolium* (SEWARD) n. comb. eine Ginkgophyte aus dem Solnhofener Jura. Senckenbergiana, **26**, 426-33.

KRUMBECK, L. (1928). Bemerkungen zur Entstehung der Solnhofener Schichten. Centralblatt für Mineralogie, Geologie und Paläontologie, **1928**, 428-34.

KUHN, O. (1961). Die Tier- und Pflanzenwelt des Solnhofener Schiefers. Geologica Bavarica, **48**, 68 pp.

KUHN, O. (1963, 1966, 1971, 1973). Die Tierwelt des Solnhofener Schiefers. Neue Brehm-Bücherei, Ziemsen Verlag, Wittenberg.

KUHN, O. (1968). Die vorzeitlichen Krokodile. 124 S., Krailling, Oeben Verlag.

KUNTH, A. (1870). Über wenig bekannte Crustaceen von Solnhofen. Z. dtsch. geol. Ges., 22, S. 771-802.

LAMBERS, P.H. (1991b). The upper Jurassic actinopterygian fish *Gyrodus dichactinius* WINKLER 1862 (*Gyrodus hexagonus* BLAINVILLE 1818) from Solnhofen, Bavaria and anatomy of the genus *Gyrodus* AGASSIZ. Proc. KNAW, **94**, 489-544.

LAMBERS, P. (1992). On the Ichthyofauna of the Solnhofen Lithographic Limestone (Upper Jurassic, Germany). Rijksuniversiteit Groningen.

LANGE, S.P. (1968). Zur Morphologie und Taxonomie der Fischgattung *Urocles* aus Jura und Kreide Europas. Palaeontographica A, **131**, 1-78.

LaROCK, P.A., LAUER, R.D., SCHWARZ, J.R., WATANABE, K.K. & WIESENBURG, D.A. (1979). Microbial biomass and activity distribution in an anoxic hypersaline basin. Applied and Environmental Microbiology, **37**, (3), 466-70.

LEICH, H. (1972). Nach Millionen Jahren ans Licht. 2. Edition, Ott Verlag. Thun & München.

LEVENTER, A., WILLIAMS, D.F. & KENNETT, J.P. (1983). Relationships between anoxia, glacial meltwater and microfossil preservation in the Orca Basin, Gulf of Mexico. Geology, **53**, (1/2), 23-40.

MAISEY, J.G. (1976). The Jurassic selachian fish *Protospinax* WOOWARD, 1918. Palaeontology, **19**, 733-47.

MALZ, H. (1964). *Kouphichnium walchi*, die Geschichte einer Fährte und ihres Tieres. Natur und Museum, **94**, 81-97.

MALZ, H. (1969). Eryonidea und Erymida (Crust. Decap.) aus dem Solnhofener Plattenkalk. Senckenbergiana Lethaea, **50**, 291-301.

MALZ, H. (1970). Körperfossil oder fossiles Häutungshemd? Natur und Museum, **100**, 14-16.

MALZ, H. (1976). Solnhofener Plattenkalk: Eine Welt in Stein. In: T.KRESS (ed.), Ein Führer durch das Museum des Solnhofer Aktien-Vereins, Freunde des Museums beim Aktien-Verein, Maxberg, Solnhofen.

MAPSTONE, N.B. (1975). Diagenetic history of a North Sea Chalk. Sedimentology, **22**, 601-14.

MÄUSER, M. (1988). Zur Ultrafazies der Jachenhausener Plattenkalke (Malm Zeta, Südliche Frankenalb). Archaeopteryx, Jahreszeitschrift der Freunde des Jura-Museums Eichstätt, **6**, 75-84.

MAYR, F.X. (1953). Durch Tange verfrachtete Gerölle bei Solnhofen und anderwärts. Geologische Blätter für Nordost-Bayern, **3**, 113-20.

MAYR, F.X. (1966). Zur Frage des "Auftriebs" und der Einbettung bei Fossilien der Solnhofener Schichten. Geologische Blätter für Nordost-Bayern, **16**, 102-7.

MAYR, F.X. (1967). Paläobiologie und Stratinomie der Plattenkalke der Altmühlalb. Erlanger geologische Abhandlung, **67**, 40 pp.

MAYR, F.X. (1973). Ein neuer *Archaeopteryx*-Fund. Paläontologische Zeitschrift. **47**, (1/2) 17-24.

MEUNIER, F. (1894). Note sur les Buprestides fossiles du calcaire lithographique de la Bavière. – Bull. Soc. Sci. Bruxelles.

MEYER, H.v. (1839). *Idiochelys Fitzingeri*, eine Schildkröte aus dem Kalkschiefer von Kelheim. – Beitr. Petrefactenkd., **1**, S. 59-74, Taf. 7, Fig. 1, Bayreuth.

MEYER, H.v. (1839). *Eurysternum wagleri*, eine Schildkröte aus dem Kalkschiefer von Solnhofen. – Beitr. Petrefactenkd., **1**, S. 75-82, Bayreuth.

MEYER, H.v. (1859). *Squatina speciosa* aus dem lithographischen Schiefer von Eichstätt. – Palaeontogr., **7**.

MEYER, R. (1981). Malm (Weißer oder Oberer Jura). In: Erläuterungen zur geologischen Karte von Bayern, 1:50 000, 168 pp. Bayerisches Geologisches Landesamt, München.

MEYER, R. & SCHMIDT-KALER, H. (1984). Erdgeschichte sichtbar gemacht. Ein geologischer Führer durch die Altmühlalb, 260 pp., 2 encl., Bayerisches Geologisches Landesamt, München.

MEYER, R.K.F. (1974). Landpflanzen aus den Plattenkalken von Kelheim (Malm). Geologische Blätter für Nordost-Bayern, **24**, 200-10.

MLYNARSKI, M. (1976). Textudines. Handbuch der Paläoherpetologie (Herausg. O.Kuhn), Teil 7, VI u. 130 S., Stuttgart, G. Fischer.

MÜLLER, A.H. (1969). Zum *Lumbricaria*-Problem (Miscellanea) mit einigen Bemerkungen über *Saccocoma* (Crinoidea, Echinodermata). Monatsbericht der Berliner Akademie der Wissenschaft, **11**, 750-8.

MÜNCH, W. (1955). Beitrag zu Kenntnis der Solnhofener Plattenkalke. Unpublished PhD Thesis, University of München.

MÜNSTER, G., zu (1839b). *Ascalabos voithii*. Beitr. Petref. **2**, 112-114.

MÜNSTER, G., zu (1842b). Beschreibung einiger neuen Fische in den lithographischen Schiefern von Bayern. Beitr. Petref. **5**, 55-64.

NAEF, A. (1922). Die fossilen Tintenfische, G. Fischer Verlag, Jena.

NEUMAYR, M. (1887). Erdgeschichte 2, Bibliographisches Institut, Leipzig.

NEVIANI, A. (1926). Medusa giurassica di Solnhofen (Baviera), *Rhizostomites admirandus* HAECKEL. – Atti Ac. Nuovi Lincei, **19**, S. 54-60, 1 Taf.

NYBELIN, O. (1958). Über die angebliche Viviparität bei *Thrissops formosus*. Ark. Zool. ser. 2, II, 447-455.

NYBELIN, O. (1961). *Leptolepis dubia* aus den Torleiten-Schichten des Oberen Jura von Eichstätt. Paläontologische Zeitschrift, **35**, 118-22

NYBELIN, O. (1967). Versuch einer taxonomischen Revision der Anaethalion-Arten des Weißjura Deutschlands. Acta Reg. Soc. Sci. Litt. Gothoburg., Zoologica, **2**, 53 S.

NYBELIN, O. (1974). A revision of the leptolepid fishes. Acta Regiae Societatis Scientiarum et Litterarum Gothoburgensis Zoologica, **9**, 1-202

OLSON, S.L. & FEDUCCIA, A. (1979). Flight capability and the pectoral girdle of *Archaeopteryx*. Nature, **278**, 247-8.

OPPEL, A. (1862). Über jurassische Crustaceen. – Palaeontol. Mitt. Mus. Bayer. Staates, S. 1-120, 38 Tafeln, Stuttgart.

OPPENHEIM, P. (1888). Die Insektenwelt des lithographischen Schiefers in Bayern. – Palaeontogr., **34**, S. 215-247, Taf. 30-31, Stuttgart.

OSTROM, J.H. (1970). *Archaeopteryx*: Notice of a "new" specimen. Science, **170**, 537-8.

OSTROM, J.H. (1972). Description of the *Archaeopteryx* specimen in the Teyler Museum, Haarlem. – Proc. Kon. Nederl. Ak. Wet. Ser. B.75, 289-305.

OSTROM; J.H. (1973). The ancestry of birds. Nature, London, 242, S. 136.

OSTROM, J.H. (1974). *Archaeopteryx* and the origin of flight. Quarterly Review of Biology, **49**, 27-47.

OSTROM, J.H. (1978). The osteology of *Compsognathus longipes* WAGNER. Zitteliana, **4**, 73-118

PETERS, D.S. & GUTMANN, W.D. (1976). Die Stellung des Urvogels *Archaeopteryx* im Ableitungsmodell der Vögel. Natur u. Museum, 106, 265-275.

POLZ, H. (1970). Zur Unterscheidung von *Phalangites priscus* MÜNSTER und *Palpipes cursor* ROTH (Arthr.) aus den Solnhofener Plattenkalken. Neues Jahrbuch für Geologie und Paläontologie. Monatshefte, **1970**, (12), 705-22.

POLZ, H. (1971). Eine weitere *Phyllosoma*-Larve aus den Solnhofener Plattenkalken. Neues Jahrbuch für Geologie und Paläontologie. Monatshefte, **1971** (8), 474-88.

POLZ, H. (1972). Entwicklungsstadien bei fossilen Phyllosomen (Form A) aus den Solnhofener Plattenkalken. – N. Jb. Geol. Pal., Mh., S. 678-689, 8 Abb.

POLZ, H. (1975). Zur Unterscheidung von Phyllosomen und deren Exuvien aus den Solnhofener Plattenkalken. – ebd., S. 40-51, 5 Abb.

POLZ, H. (1993). Zur Metamerie von *Clausiocaris lithographica* (Thylacocephala? Crustaceae). Archaeopteryx **11**, S. 105-112.

PONOMARENKO, A.G. (1971). Systematic position of some beetles from the Solnhofen shales of Bavaria. Paleontological Journal, **5**, 62-75 (translated from Russian in Amer. Geol. Inst.).

PONOMARENKO, A.G. (1985). Fossil insects from the Tithonian "Solnhofener Plattenkalke" in the Museum of Natural History, Vienna. Annalen des Naturhistorischen Museums Wien A, **87**, 135-44.

REGAL, P.J. (1975). The evolutionary origin of feathers. Quarterly Review of Biology. **50**, 35-66.

REICHENBACH-KLINKE, K.H. & FRICKHINGER K.A. (1986) Neuer Fund einer Holocephalen-Eikapsel im Oberen Jura des Solnhofener Schiefers. Fossilien (6).

REIS, O.M. (1888). Die Coelacanthinen mit besonderer Berücksichtigung der im Weißen Jura Bayerns vorkommenden Gattungen. Palaeontographica, **35**, 1-96.

RIETSCHEL. S. (1976). *Archaeopteryx*, Tod und Einbettung. Natur und Museum, 106, S. 280-286.

RIETSCHEL, S. (1985). False forgery. In: M.K. HECHT, J.H. OSTROM, G. VIOHL & P. WELLNHOFER (eds.) The Beginning Birds, Proceedings of the International Archaeopteryx Conference, 1984, Freunde des Jura-Museums, Eichstätt, 371-6.

RODE, A.B. (1933). The geology of lithography. Bachelor's Thesis, Guyor Hall Library, Princeton University.

ROECK, B. & WAGNER, L. (1973). Spuren im Stein. Ein Bildband über Solnhofener Fossilien. Schiessl Verlag, Augsburg.

ROLL, A. (1940). Bemerkungen zu einer geologischen Karte der südlichen Frankenalb. Zeitschrift der deutschen geologischen Gesellschaft, **92**, 205-52.

ROMER, A.S. (1962). Vertebrate Palaeontology, 2nd edition, 9th impression, University of Chicago Press.

ROTHPLETZ, A. (1909). Über die Einbettung der Ammoniten in den Solnhofener Schichten. Abhandlung, Königlich Bayerische Akademie der Wissenschaften, **24**, (II.Abt.), 311-37.

SALFELD, H. (1907). Fossile Land-Pflanzen der Rät- und Juraformation Südwestdeutschlands. Palaeontographica, **54**, 163-204.

SALGER, M. (1985). Tonmineraluntersuchungen an Oberjura-Plattenkalken Süddeutschlands, insbesondere der südlichen Frankenalb. Archaeopteryx, Jahreszeitschrift der Freunde des Jura-Museums Eichstätt, **3**, 1-6.

SCHÄFER, W. (1962). Aktuo-Paläontologie nach Studien in der Nordsee. Waldemar Kramer Verlag, Frankfurt/Main.

SCHÄFER, W. (1976). Aktuopaläontologische Beobachtungen. 10. Zur Fossilisation von Vögeln. Natur und Museum, **9**, 106, 276-9.

SCHAIRER, G. (1968). Sedimentstrukturen und Fossileinbettung in untertithonischen Kalken von Kelheim in Bayern. Mitteilungen der Bayerischen Staatssammlung für Paläontologie und historische Geologie, **8**, 291-304.

SCHAIRER, G. (1971). Mikrofossilien aus Plattenkalken Süddeutschlands. Mitteilungen der Bayerischen Staatssammlung für Paläontologie und historische Geologie, II, S. 33-68.

SCHAIRER, G. & BARTHEL, K.W. (1977). Die Cephalopoden des Korallenkalks aus dem Oberen Jura von Laisacker bei Neuburg a.d. Donau. III. *Pseudaganides, Pseudonautilus, (Bavarinautilus)* n. subgen. (Nautiloidea). Mitteilungen der Bayerischen Staatssammlung für Paläontologie und historische Geologie. **17**, 115-24.

SCHAIRER, G. & JANICKE; V. (1970). Sedimentologisch-paläontologische Untersuchungen an den Plattenkalken der Sierra de Montsech (Prov. Lérida, N.E., Spanien). Neues Jahrbuch für Geologie und Paläontologie. Abhandlungen, **135**, (2), 171-89.

SCHIDLOWSKI, M. & MATZIGKEIT, U. (1984). Superheavy organic carbon from hypersaline microbial mats; assimilatory pathways and geochemical implications. Naturwissenschaften, **71**, m 303-8.

SCHMIDT-KALER, H. (1979). Geologische Karte des Naturparks Altmühltal/Südliche Frankenalb 1:100 000, Bayer. Geol. Landesamt, München.

SCHMITT, J. (1972). Fossilfunde aus dem Solnhofener Schiefer. Köppern, 40 S., 104 Abb.

SCHNEID, T. (1915). Die Geologie der fränkischen Alb zwischen Eichstätt und Neuburg a.D. I, Stratigraphischer Teil. Geognostische Jahreshefte, (1914), **27**, 59-170.

SCHNEID, T. (1916). Die Geologie der fränkischen Alb zwischen Eichstätt und Neuburg a.D. II, Stratigraphischer Teil. Geognostische Jahreshefte, (1915), **28**, 1-67.

SCHRAMMEN, A. (1936). Die Kieselspongien des oberen Jura von Süddeutschland. Palaeontographica, **84**, S.149-94 und **85**, S.1-114.

SCHWEIZER, V. (1987). Die Schwamm-Algen-Fazies im Weißen Jura der westlichen Schwäbischen Alb. The Upper Jurassic sponge-algal facies of the western Swabian Alb (Southwest Germany). Facies, **17**, 197-202.

SCHWERTSCHLAGER, J. (1919). Die lithographischen Plattenkalke des obersten Weißjura in Bayern. Natur und Kultur, F.J. Völler Verlag, München.

SEIFERT, J. (1972). Ein Vorläufer der Froschfamilien Paläobatrachidae und Ranidae im Grenzbereich Jura-Kreide. Neues Jahrbuch für Geologie und Paläontologie. Monatshefte, 1972, (4), 120-31.

SEILACHER, A. (1963). Umlagerung und Rolltransport von Cephalopoden-Gehäusen. Neues Jahrbuch für Geologie und Paläontologie. Monatshefte, 1963, 593-615

SEILACHER, A., ANDALIB, G., DIETL, F. & GOCHT, H. (1976). Preservational history of compressed Jurassic ammonits from Southern Germany. Neues Jahrbuch für Geologie und Paläontologie. Abhandlungen, **152**, (3), 307-56.

SEILACHER, A., REIF, W.-E. & WESTPHAL, F. (1985). Sedimentological, ecological and temporal patterns of fossil Lagerstätten. Philosophical Transactions of the Royal Society of London B, **311**, 5-23.

SHUSTER, C.N. (1971). Xiphosurida. In: Encyclopedia of Science and Technology. 3.Aufl., New York (McGraw-Hill Book Co.).

SPENCER, W.K. & WRIGHT, C.W. (1966). Asterozoans. In: Treatise on Invertebrate Palaeontology. (Herausg. R.C. Moore), Part U, Echinodermata, Band 3, Teil 1, U4 U107, Lawrence (Univ. Kansas Press.)

STEEL, R. (1973). Crocodylia. Handbuch der Paläoherpetologie (Herausg. O. Kuhn). Teil 16, VII u. 116 S., Stuttgart, G. Fischer Verlag.

STILLER, M., ROUNICK, J.S. & SHASHA, S. (1985). Extreme carbon-isotope enrichments in evaporating brines. Nature, **316**, 434-5.

STRAATEN, L.M.J.U. van (1971). Origin of Solnhofen limestone. Geologie en Mijnbouw, **50**, (1), 3-8.

SWINBURNE, N.H.M. (1988). The Solnhofen limestone and the preservation of *Archaeopteryx*. Trends in Evolution and Ecology, **3**, (10), 274-7.

SY, M. (1936). Funktionell-anatomische Untersuchungen am Vogelflügel. Journal für Ornithologie, **84**, 200-6.

TARLO, L.B. (1959). Stretosaurus gen.nov., a giant Pliosaur from Kimmeridge Clay. Palaeontology, **2**, S.39-55.

TAVERNE, L. (1975a). Sur *Leptolepis (Ascalabos) voithi* (zu MÜNSTER 1839), téléostéen fossile du Jurassique supérieur de l'Europe et ses affiniés systématique. Biol. Jahrb., **43**, 233-245.

TAVERNE, L. (1975b). Considérations sur la position systématique des genres fossiles *Leptolepis* et *Allothrissops* au sein des Téléostées primitifs et sur l'origine et le polyphylétisme des poissons Téléostéen. Acad. Roy. Belg. Bull., Cl. Sci. 5 Ser., 61, S. 336-371.

TEMMLER, H. (1966). Über die Nusplinger Fazies des Weißen Jura der Schwäbischen Alb (Württemberg). Zeitschrift der deutschen geologischen Gesellschaft, (1964), **116**, 891-907.

TISCHLINGER, H. (1993). Überlegungen zur Lebensweise der Pterosaurier anhand eines verheilten Oberschenkelbruches bei *Pterodactylus kochi* (WAGNER). Archaeopteryx **11**, S. 63-71.

UNGER, F. (1852). Über einige fossile Pflanzenreste aus dem lithographischen Schiefer von Solnhofen. – Palaeontogr. **2**, S. 249-255, Taf. 31-32.

UNGER, F. (1854). Jurassische Pflanzenreste. – Palaeontogr. **4**, S. 39-43, Taf.7-8.

VEIZER, J. (1977). Geochemistry of lithographic limestones and dark marls from the Jurassic of Southern Germany. Neues Jahrbuch für Geologie und Paläontologie. Abhandlungen, **153**, (1) 129-46.

VIOHL, G. (1973). Notiz über Ganoiden von Solnhofen. Aufschluß 24, S.209, 226, 2 Abb.

VIOHL, G. (1976). Jura-Museum Eichstätt. Loseblätter-Führer, Eichstätt.

VIOHL, G. (1985). Geology of the Solnhofen lithographic limestone and the habitat of *Archaeopteryx*. In: M.K. HECHT, J.H. OSTROM, G. VIOHL & P. WELLNHOFER (eds.), The Beginning of Birds, Proceedings of the International Archaeopteryx Conference, 1984, Freunde des Jura-Museums, Eichstätt, 31-44.

VIOHL, G. (1987). Raubfische der Solnhofener Plattenkalke mit erhaltenen Beutefischen. Archaeopteryx, **5**, 33-64.

WAGNER, A. (1861). Neue Beiträge zur Kenntnis der urweltlichen Fauna des lithographischen Schiefers; *Compsognathus longipes* WAGNER. Abhandlungen, Bayerische Akademie der Wissenschaften. Mathematisch-Naturwissenschaftliche Klasse, **9**, 30-8.

WAGNER, A. (1861). Ein neues, angeblich mit Vogelfedern versehenes Reptil. – S. B. Bayer. Akad. Wiss., 2. Kl., S. 146-154, München.

WAGNER, A. (1861). Monographie der fossilen Fische aus den lithographischen Schiefern Bayerns. Erste Abt.: Plakoiden und Pycnodonten. Abh. Bayer. Akad.Wiss. 2.Kl. **9**, 2, 277-352.

WAGNER, A. (1863). Monographie der fossilen Fische aus den lithographischen Schiefern Bayerns. – Abh. Bayer. Akademie Wiss., 2. Kl., 9, S. 277-352, S. 611-748, Taf. 1-7, München.

WALKER, A.D. (1972). New light on the origin of birds and crocodiles. Nature, **237**, 257-63.

WALTHER, J. (1904). Die Fauna der Solnhofener Plattenkalke bionomisch betrachtet. Festschrift der Medizinisch-naturwissenschaftlichen Gesellschaft zu Jena. **11**, 133-214.

WEITZEL, K. (1930a). Riesenfische aus den Solnhofener Schiefern von Langenaltheim. Nat. und Mus., **60**, 23-31.

WEITZEL, K. (1930b). Drei Riesenfische aus den Solnhofener Schiefern von Langenaltheim. Abh. Senckenberg Naturf. Ges., **42**, 85-113, 23 Abb., Frankfurt/M.

WEITZEL, K. (1933). *Pachythrissops macrolepidotus* n.sp., ein neuer Leptolepide aus den Solnhofener Schiefern. Paläont. Z. **15**, 22-30.

WELLNHOFER, P. (1967). Ein Schildkrötenrest (Thalassemydidae) aus den Solnhofener Plattenkalken. Bayerische Staatssammlung für Paläontologie und historische Geologie, **7**, 181-92.

WELLNHOFER, P. (1970). Pterodactyloidea (Pterosauria) der Oberjura-Plattenkalke Süddeutschlands. Abhandlungen der Bayerischen Akademie der Wissenschaften, Mathematisch-naturwissenschaftliche Klasse, **141**, 133 pp.

WELLNHOFER, P. (1971). Die Atoposauridae (Crocodylia, Mesosuchia) der Oberjura-Plattenkalke Bayerns. Palaeontographica A, **138**, 133-65.

WELLNHOFER, P. (1974). Das fünfte Skelettexemplar von *Archaeopteryx*. (The fifth skeletal example of *Archaeopteryx*.) Palaeontographica A, **147**, 169-216.

WELLNHOFER, P. (1975a). Die Rhamphorhynchoidea (Pterosauria) der Ober-Jura-Plattenkalke Süddeutschlands. Teil I, Allgemeine Skelettmorphologie, Palaeontographica A, **148**, 1-33.

WELLNHOFER, P. (1975b). Die Rhamphorhynchoidea (Pterosauria) der Ober-Jura-Plattenkalke Süddeutschlands. Teil II, Systematische Beschreibung. Palaeontographica A, **148**, 132-86.

WELLNHOFER, P. (1975c). Die Rhamphorhynchoidea (Pterosauria) der Ober-Jura-Plattenkalke Süddeutschlands. Teil III, Palökologie und Stammesgeschichte. Palaeontographica A, **149**, 1-30.

WELLNHOFER, P. (1977). Die Pterosaurier, Naturwissenschaften, **66**, 23-9.

WELLNHOFER, P. (1980). Flugsaurier, Die Neue Brehm-Bücherei, A.Ziemsen Verlag, Wittenberg.

WELLNHOFER, P. (1983). Solnhofener Plattenkalk: Urvögel und Flugsaurier. Museum beim Solnhofener Aktienverein.

WELLNHOFER, P. (1988a). A new specimen of *Archaeopteryx*. Science, **240**, 1790-2.

WELLNHOFER, P. (1988b). Ein neues Exemplar von *Archaeopteryx*. Archaeopteryx, Jahreszeitschrift der Freunde des Jura-Museums Eichstätt, **6**, 1-30

WELLNHOFER, P. (1991). The Illustrated Encyclopedia of Pterosaurs. Salamander Books, London.

WELLNHOFER, P. (1993). Das siebte Exemplar von *Archaeopteryx* aus den Solnhofener Schichten. Archaeopteryx, **11**, 1-47, Eichstätt.

WESTPHAL, F. (1965). Ein neuer Krokodil-Fund aus dem Plattenkalk des Oberen Malms von Eichstätt (Bayern). Neues Jahrbuch für Geologie und Paläontologie, Abhandlungen, **123**, 105-14.

WEYENBERGH, H. (1869). Sur les insectes fossiles cu calcaire lithographique de la Bavière. – Arch. Mus. Teyler, **2**, S. 247-294, Taf. 34-37.

ZEISS, A. (1964). Zur Verbreitung der Gattung *Gravesia* im Malm der Südlichen Frankenalb. Geologica Bavarica, **53**, 96-101.

ZEISS, A. (1968). Untersuchungen zur Paläontologie der Cephalopoden des Unter-Tithon der Südlichen Frankenalb. Abhandlungen,

Bayerische Akademie der Wissenschaften. Mathematische-Naturwissenschaftliche Klasse, **132**, 190 pp.

ZEISS, A. (1975). Stratigraphy, Excursion C. Upper Jurassic of the Southern Frankenalb. Guide Book Internat. Symposium Foss. Inst. Paläont. Univ. Erlangen, 153-68.

ZESSIN, W. (1983). Revision der mesozoischen Familie Locustopsidae unter Berücksichtigung neuer Funde. Dt. Entom. Z. N. F. **30**, Heft 1-3, S. 173-237.

ZESSIN, W. (1987). Variabilität und Phylogenie der Elcanidae im Jungpaläozoikum und Mesozoikum und die Phylogenie der Ensifera (Orthopteroida, Ensifera). Dt. Entom. Z. N. F. **34**, Heft 1-3, S. 1-76.

ZESSIN, W. (1991). Die Phylogenie der Protomyrmeontidae unter Einbeziehung neuer oberliassischer Funde (Odonata: Archizygoptera sens. nov.). Odonatologica, (**20**/1), S. 97-126.

ZIEGLER, B. (1958). Monographie der Ammonitengattung *Glochiceras* im epikontinentalen Weißjura Mitteleuropas, Palaeontographica, 110 A, S. 93-164.

ZIEGLER, B. (1974). Über Dimorphismus und Verwandtschaftsbeziehungen bei Oppelien des oberen Juras (Ammonoidea: Haplocerataceae). Stuttgarter Beitr. Naturk., Ser. B., II, S.1-42.

原著2巻参考文献

AGASSIZ, L. (1833–1843): Recherches sur les poissons fossiles. Bd. 2: Histoire de l'ordre des Ganoides.- XII + 310 + 338 S., 149 Taf.; Neuchâtel (Petitpierre).

AGASSIZ, L. (1833–1843): Recherches sur les poissons fossiles. Bd. 3: Histoire de l'ordre des Placoides.- VIII + 392 + 32 S., 83 Taf.; Neuchâtel (Petitpierre).

AGASSIZ, L. (1833–1843): Recherches sur les poissons fossiles. Bd. 4: Histoire de l'ordre des Cténoides.- XVI + 296 + 22 S., 61 Taf.; Neuchâtel (Petitpierre).

AGASSIZ, L. (1833–1843): Recherches sur les poissons fossiles. Bd. 5. Lief. 1–2: Histoire de l'ordre des Cycloides.- XII + 122 S., 160 S., 91 Taf.; Neuchâtel (Petitpierre).

AGASSIZ, L. (1838–1840): Description des echinodermes fossiles de la Suisse.- Neue Denkschriften der Allgemeinen Schweizerischen Gesellschaft der Naturwissenschaften. 1ème Partie, **1**: 1–101, Taf. 1–13; 2ème Partie, **4**: 1–108, Taf. 14–23; Neuchâtel.

ARRATIA, G. (1987): *Anaethelion* and similar teleosts (Actinopterygii, Pisces) from the Late Jurassic (Tithonian) of Southern Germany and their relationships.- Palaeontographica (A), **200**: 1–44, 32 Abb., 1 Tab., 8 Taf.; Stuttgart.

ARRATIA, G. (1997): Basal teleosts in teleostean phylogeny.- München (Pfeil).

ARRATIA, G. & VIOHL, G. (1994): Mesozoic fishes. Systematics and palaeoecology.- München (Pfeil).

BARTHEL, K. W. (1978): Solnhofen.- 393 S., 64 Taf., 16 Farbtaf., 48 Abb.; Thun (Ott).

BAUSCH, W. M., VIOHL, G., BERNIER, P., BARALE, G., BOURSEAU, J.-P., BUFFETAUT, E., GAILLARD, C., GALL, J.-C. & WENZ, S. (1994): Eichstätt and Cerin: Geochemical comparison and definition of two different plattenkalk types. In: BERNIER, P. & GAILLARD, C. [Eds.], Les calcaires lithographiques. Sédimentologie, paléontologie, taphonomie. Table ronde internationale ‚Calcaire lithographique'. Lyon (F) – 8-9-10 juillet 1991.- Géobios, Mémoire spécial, **16**: 107–125; Lyon.

BEAUMONT, G. DE (1960): Contribution a l'étude des genres *Orthacodus* WOODW. et *Notidanus* CUV. (Selachii).- Mémoires des la Société Paléontologique Suisse, **77**/2: 1–46, 25 Abb., 3 Taf.; Basel.

BEAUMONT, G. DE (1960): Observations preliminaires sur trois sélaciens nouveaux du calcaire lithographique d'Eichstätt (Bavière).- Eclogae Geologicae Helvetiae, **53**: 315–328, 9 Abb., 1 Tab., 1 Taf.; Basel.

BECHLY, G. (1998): *Juracordulia schiemenzi* gen. et sp. nov., eine neue Libelle aus den Solnhofener Plattenkalken (Insecta: Odonata: Anisoptera).- Archaeopteryx, **17**; München.

BECHLY, G. (im Druck): A revision of the fossil dragonfly genus *Urogomphus* with description of a new species (Insecta: Odonata: Pananisoptera: Aeschniidae).- Stuttgarter Beiträge zur Naturkunde (B), **270**; Stuttgart.

BECHLY, G., NEL, A. & DELCLÒS, X. (1996): Redescription of *Nannogomphus bavaricus* HANDLIRSCH 1906–1908, from the Upper Jurassic of Germany, with an analysis of its phylogenetic position (Odonata: Gomphidae or Libelluloidea).- Archaeopteryx, **14**; München.

BECHLY, G., NEL, A., MARTÍNEZ-DELCLÒS, X. & FLECK, G. (1998): Four new dragonfly species from the Upper Jurassic of Germany and the Lower Cretaceous of Mongolia (Anisoptera: Hemoroscopidae, Sonidae, and Proterogomphidae fam. nov.).- Odonatologica, **27**: 149–187; Bilthoven.

BECHLY, G., NEL, A., MARTÍNEZ-DELCLÒS, X., JARZEMBOWSKI, E. A., CORAM, R., MARTILL, D., FLECK, G., ESCUILLIE, F., WISSHAK, M. & MAISCH, M. (im Druck): A revision and a phylogenetic study of Mesozoic Aeschnoptera with description of several new families, genera and species (Insecta: Odonata: Anisoptera).- Neue Paläontologische Abhandlungen; Dresden.

BOEHM, G. (1889): Ein Beitrag zur Kenntnis fossiler Ophiuren.- Bericht der Naturforschenden Gesellschaft zu Freiburg, **4**: 232–287, 2 Taf.; Freiburg im Breisgau.

BRONGNIART, A. (1849): Tableau des genres de végétaux fossiles, considérés sous le point de vue de leur classification botanique et de leur distribution géologique. In: Dictionnaire Universelle d'Histoire Naturelle.- Paris.

BRONN, H. G. (1834–1837): Lethaea geognostica oder Abbildung und Beschreibungen der für die Gebirgs-Formationen bezeichnendsten Versteinerungen. Bd. 1.- 1. Aufl., VI + 544 S., 2 Tab.; Stuttgart (E. Schweizerbart).

Brown, C. (1900): Über das Genus *Hybodus* und seine systematische Stellung.- Palaeontographica, **46**: 147–178, Taf. 15–16; Stuttgart.

Buch, L. von (1839): Über den Jura in Deutschland.- Verhandlungen der Königlich Preußischen Akademie der Wissenschaften, **1837**: 49–135, Taf. 26–27; Berlin.

Buch, L. von (1885): 1. Über den Jura in Deutschland. In: Ewald, J., Roth, J. & Dames, W. [Eds.], Leopold von Buchs gesammelte Schriften. Bd. 4. 1.–2. Teil: 388–471, Taf. 26–27.- 1058 S., 56 Taf.; Berlin (G. Reimer).

Desmarest, A. G. (1822): Histoire naturelle des Crustacés fossiles. Les Crustacés proprement dits.- Paris.

Donovan, D. T. (1994): *Acanthoteuthis* Wagner in Münster, 1839 and *Kelaeno* Münster, 1842 (Mollusca, Cephalopoda): proposed conservation of usage.- Bulletin of Zoological Nomenclature, **51**: 219–223; London.

Donovan, D. T. (1995): A specimen of *Trachyteuthis* (Coleoidea) with fins from the Upper Jurassic of Solnhofen (Bavaria).- Stuttgarter Beiträge zur Naturkunde (Serie B), **235**: 1–8, 4 Abb.; Stuttgart.

Enay, R. & Hess, H. (1962): Sur la découverte d'Ophiures (*Ophiopetra lithographica* n. g. n. sp.) dans le Jurassique supérieur du haut-Valromey (Jura méridional).- Eclogae Geologicae Helvetiae, **55**: 657–673, 6 Abb., Taf. 1–2; Basel.

Engeser, T. S. & Keupp, H. (1997): Zwei neue Gattungen und eine neue Art von vampyromorphen Tintenfischen (Coleoidea, Cephalopoda) aus dem Untertithonium von Eichstätt.- Archaeopteryx, **15**: 47–58, 7 Abb.; München.

Engeser, T. S. & Reitner, J. (1983): *Geoteuthinus muensteri* (d'Orbigny 1845) aus dem Untertithonium von Daiting und Arnsberg (Bayern).- Stuttgarter Beiträge zur Naturkunde (B), **92**: 1–12, 8 Abb., 1 Tab.; Stuttgart.

Fabre, J. (1974): Un squelette de *Pleurosaurus ginsburgi* n. sp. (Rhynchocephalia) du Portlandien du Petit Plan du canjuers (Var).- C. R. A. S. 298 (ser.d): 2417–2424, 3 Abb.; Paris.

Fraas, O. (1855): Beiträge zum obersten weissen Jura in Schwaben.- Jahreshefte des Vereins für Vaterländische Naturkunde in Württemberg, **11**: 77–106, Taf. 2; Stuttgart.

Frickhinger, K. A. (1994): Die Fossilien von Solnhofen. Dokumentation der aus den Plattenkalken bekannten Tiere und Pflanzen.- 336 S., 655 Abb.; Korb (Goldschneck-Verlag).

Giebel, C. G. A. (1860): Eine neue Aeschna aus dem lithographischen Schiefer von Solenhofen.- Zeitschrift für die gesamten Naturwissenschaften, **16**: 127–132.; Halle an der Saale.

Goldfuss, G. A. (1831): Beiträge zur Kenntnis verschiedener Reptilien der Vorwelt.- Nova Acta Physico-Medica Academiae Caesareae Leopoldino-Carolinae Naturae Curiosorum, **15**: 61–128, Taf. 7–12; Breslau, Bonn.

Goldfuss, G. A. & Münster, G. von (1826–1833): Petrefacta Germaniae tam ea, quae in museo universitatis regiae Borussicae Fridericiae Wilhelmiae Rhenanae servantur quam alia quaecumque in Museis Hoeninghusiano, Muensteriano aliisque extant, iconibus et descriptionis illustrata. Theil 1.- S. I-VIII, 1–252, Taf. 1–71; Düsseldorf (Arnz).

Grande, L. & Bemis, W. E. (1998): A comprehensive phylogenetic study of amiid fishes (Amiidae) based on comparative skeletal anatomy. An empirical search for interconnected patterns of natural history.- Memoir of the Society of vertebrate paleontology, **4**; Chikago.

Hägele, G. (1997): Juraschnecken. In: Fossilien, Sonderband 11.- 144 S., 331 Abb., 1 Tab., 13 Taf.; Korb (Goldschneck).

Hagen, A. (1862): Über die Neuropteren aus dem lithographischen Schiefer in Bayern.- Palaeontographica, **10**: 96–145, Taf. 13–15; Kassel.

Handlirsch, A. (1906–1908): Die fossilen Insekten und die Phylogenie der rezenten Formen. Ein Handbuch für Paläontologen und Zoologen.- XII + 1430 S., 14 Abb., 7 Stammbäume, 3 + 51 Taf.; Leipzig (W. Engelmann) [Mesozoische Insekten: Lief. 3–5: 395–672, 1906–1907].

Hubbard, M. D. (1987): Ephemeroptera. In: Westphal, F. Ed., Fossilium Catalogus. I: Animalia. Pars 129.- 99 S.; Amsterdam (Kugler).

International Commission on Zoological Nomenclature (1997): *Acanthoteuthis* Wagner in Münster, 1839 and *Muensterella* Schevill, 1950 (Mollusca, Cephalopoda): placed on the Official List.- Bulletin of Zoological Nomenclature, **54**: 55–58; London.

Jung, W. (1985): *Furcifolium* Kräusel ist keine Ginkgophyte!- Archaeopteryx, **3**; Eichstätt.

Jung, W. (1989): Unbekannte „Lebende Fossilien", die Wirtelalgen.- Fossilien, **6**/4: 173–179, 11 Abb.; Korb.

Jung, W. (1994): Farn oder Farnsamer? Neufund nach 150 Jahren.- Fossilien, **11**/4: 227–228, 1 Abb.; Korb.

Jung, W. (1995): Araukarienwälder oder *Brachyphyllum*-Dickichte – die Heimat des *Archaeopteryx*. Ein Beitrag zur Kenntnis des Solnhofener Schiefers. In: Katalog zu den 32. Mineralientagen in München.- München.

Kear, A. J., Briggs, D. E. G. & Donovan, D. T. (1995): Decay and fossilization of non-mineralized tissue in coleoid substance.- Palaeontology, **38**: 105–131, 9 Abb., 7 Tab.; London.

Keupp, H. & Mehl, D. (1994): *Ammonella quadrata* Walther, 1904 aus dem Solnhofener Plattenkalk von Pfalzpaint.- Archaeopteryx **12**; München.

Koh, T. P. (1937): Untersuchungen über die Gattung *Rhamphorhynchus*.- Neues Jahrbuch für Mineralogie, Geologie und Paläontologie Beilageband (B), **77**: 455–506, 7 Abb., 1 Tab., Taf. 26; Stuttgart.

Kurr, J. G. (1845): Beiträge zur fossilen Flora der Juraformation Württembergs. Zur Feier des Geburtsfestes Sr. Majestät des Königs Wilhelm von Württemberg. Die Königlich polytechnische Schule zu Stuttgart. Den 27. September 1845.- 20 S., 3 Taf.; Stuttgart (Guttenberg).

Kutscher, M. (1997): Bemerkungen zu den Plattenkalk-Ophiuren, insbesondere *Geocoma carinata* (v. Münster, 1826).- Archaeopteryx, **15**: 1–10, 1 Abb., 1 Tab., Taf. 1–2; München.

Kutscher, M. & Röper, M. (1995): Die Ophiuren des „Papierschiefers" von Hienheim (Malm zeta 3, Untertithon).- Archaeopteryx, **13**: 85–99, 1 Abb., 5 Taf.; München.

Kutscher, M. & Röper, M. (in Vorbereitung): Neue Seesterne aus den Hienheimer Plattenkalken.-

Kvachek, J. & Straková, M. (1997): Catalogue of fossil plants described in works of Kaspar M. Sternberg.- 201 S., zahlr. Abb.; 67 Taf.; Prag (National-Museum).

Lambkin, K. J. (1994): *Palparites deichmuelleri* Handlirsch from the Tithonian Solnhofen Plattenkalk belongs to the Kalligrammatidae (Insecta: Neuroptera).- Paläontologische Zeitschrift, **68**: 163–166, 2 Abb.; Stuttgart.

Leich, H. (1995): Nicht alltäglich: Fisch an der Leine.- Fossilien **12**/2: 111–112, 2 Abb.; Korb.

Leich, H. (1995): Fossile Quallen aus den Solnhofener Plattenkalken.- Archaeopteryx, **13**; Eichstätt.

Mäuser, M. (1997): Der achte *Archaeopteryx*.- Fossilien, **14**/3: 156–157, 1 Abb.; Korb.

Martínez-Delclòs, X., Nel, A. & Popov, Y. A. (1995): Systematics and functional morphology of *Iberonepa romerali* n. gen. and sp., Belostomatidae from the Spanish Lower Cretaceous (Insecta, Heteroptera).- Journal of Paleontology, **69**: 496–508, 10 Abb.; Lawrence, Kansas.

Martínez-Delclòs, X. & Nel, A. (1996): Discovery of a new Protomyrmeleontidae in the Upper Jurassic of Germany.- Archaeopteryx **14**; München.

Meckl, M. (1995): *Archaeopteryx* – ein befiederter Dinosaurier wird als Stammvater der Vögel entlarvt.- Fürstenfeldbruck.

Meunier, F. (1895): Note sur des empreintes d'insects des schistes de Solenhofen.- Bulletin de la Société entomologique de France, **20**: CCXIII-CCXXIV; Paris.

Meyer, H. von (1839): *Pleurosaurus Goldfussi* aus dem Kalkschiefer von Daiting. In. Münster, G. von, Meyer, H. von & Wagner, R., Beiträge zur Petrefacten-Kunde mit XVIII. nach der Natur gezeichneten Tafeln. Heft 1: 52–59, Taf. 6.- 124 S., 18 Taf.; Bayreuth (Buchner).

Meyer, H. von (1854): [Über *Acrosaurus frischmanni*] In: Mittheilungen an Prof. Bronn gerichtet. – Neues Jahrbuch für Mineralogie, Geognosie, Geologie und Petrefaktenkunde, S. 51–54 ff; Stuttgart.

Meyer, H. von (1862): *Chimaera* (*Ganodus*) *avita* aus dem lithographischen Schiefer von Eichstätt.- Palaeontographica, **10**: 87–95, Taf. 12; Kassel.

Meyer, R. K. F. & Schmidt-Kaler, H. (1989): Paläogeographischer Atlas des süddeutschen Oberjura (Malm).- Geologisches Jahrbuch (Reihe A), **115**: 3–77, 45 Abb., 10 Taf.; Hannover.

Meyer, R. K. F. & Schmidt-Kaler, H. (1991): Wanderungen in die Erdgeschichte. Durchs Urdonautal nach Eichstätt.- München (F. Pfeil).

Meyer, R. K. F., Schmidt-Kaler, H., Kaulich, B. & Tischlinger, H. (1994): Wanderungen in die Erdgeschichte (6). Unteres Altmühltal und Weltenburger Enge.- 152 S.; München (F. Pfeil).

Meyer, R. K. F., Schmidt-Kaler, H. & Tischlinger, H. (1994): Wanderungen in die Erdgeschichte. Treuchtlingen, Solnhofen, Mörnsheim, Dollnstein.- 2. Aufl.; München (F. Pfeil) [1. Aufl., 80 S., 62 Abb., 1990].

Meyer, R. K. F. & Schmidt-Kaler, H. (1994): Fazieswechsel und Probleme der Stratigraphie im Obermalm (Tithon) zwischen Solnhofen und

Neuburg/D. (Bayern).- Erlanger Geologische Abhandlungen, **123**: 1–49, 13 Abb., 10 Taf.; Erlangen.

Münster, G. von (1830): Bemerkungen zur nähern Kenntnis der Belemniten.- 18 S., 2 Taf.; Bayreuth (Birner).

Münster, G. von (1839): Ueber die fossilen langschwänzigen Krebse in den Kalkschiefern von Bayern. In: Münster, G. von, Meyer, H. von & Wagner, R., Beiträge zur Petrefacten-Kunde mit XXX. nach der Natur gezeichneten Tafeln. Heft 2: 1–88, Taf. 1–29.- 88 S., 29 Taf.; Bayreuth (Buchner) [2. Aufl. 1843].

Münster, G. von (1842): Beschreibung dreier neuer Arten Crustaciten. III. *Naranda anomala*. Eine neue Gattung langschwänziger Krebse. In: Meyer, H. von, Professor Germar, Baumeister Althaus, Münster, G. von & Professor Unger, Beiträge zur Petrefactenkunde mit zehn einfachen und fünf Doppelten, nach der Natur gezeichneten Tafeln. Heft 5: 78, Taf. 14, Fig. 5.- 131 S., 15 Taf.; Bayreuth (Buchner).

Münster, G. von (1843): Beschreibung einiger neuer Fische aus der Jura-Formation. In: Münster, G. von, Meyer, H. von & Wagner, R., Beiträge zur Petrefacten-Kunde mit XVIII nach der Natur gezeichneten Tafeln. H. 6.- Bayreuth (Buchner).

Nel, A. (1992): Redescription de la libellule fossile du Jurassique supérieur. ?*Malmagrion eichstaettense* (Hagen, 1862) (Odonoptera: Odonata): Archizygoptera).- Bulletin de la Société Éntomologique de France, **96**: 433–442; Paris.

Nel, A., Bechly, G., Jarzembowski, E. A., Martínez-Delclòs, X. (1998): A revision of the fossil petalurid dragonflies (Insecta: Odonata: Anisoptera: Petalurida).- Paleontologica Lombarda (nuova Seria), **10**: 1–68; Mailand.

Nel, A., Bechly, G. & Martínez-Delclòs, X. (1996): A new genus and species of Aeschnidiidae (Insecta: Odonata: Anisoptera) from the Solnhofen Limestone, Upper Jurassic, Germany.- Senckenbergiana Lethaea, **76**: 175–179, 2 Abb.; Frankfurt am Main.

Nel, A. & Martínez-Delclòs, X. (1993): Essai de révision des Aeschnidioidea (Insecta, Odonata, Anisoptera).- Cahiers de Paléontologie, **1993**: 1–99, 52 Abb.; Paris.

Nel, A., Martínez-Delclòs, X., Paicheler, J. C. & Henrotay, M. (1993): Les „Anisozygoptera" fossiles. Phylogénie et classification (Odonata).- Martinia, hors Série, **3**: 1–311; Boisd'Arcy.

Nel, A. & Paicheler, J.-C. (1992): Les Odonata fossiles: état actuel des connaissance. Deuxième partie: Les Petaluridae et Cordulegastridae fossiles (Odonata: Anisoptera: Petaluroidea).- Nouvelle Revue d'Entomologie (nouvelle Série), **9**: 305–323; Paris.

Orbigny, A. Dessalines de (1845): Céphalopodes. In: Mollusques vivants et fossiles ou description de toutes les espèces de coquilles et de mollusques classées suivant leur distribution géologique et géographique. Tom. 1. Livr. 1–3.- 605 S., 36 Taf.; Paris (Gide).

Owen, R. A. (1840): Report on British fossil Reptilia.- British Association for Advancement in Sciences, **1839**: 86–125.- London.

Polz, H. (1973): Entwicklungsstadien bei fossilen Phyllosomen (Form B) aus den Solnhofener Plattenkalken.- Neues Jahrbuch für Geologie und Paläontologie Abhandlungen, **1973**: 284–296, 9 Abb.; Stuttgart.

Polz, H. (1984): Krebslarven aus den Solnhofener Plattenkalken.- Archaeopteryx, **2**; Eichstätt.

Polz, H. (1986): Die Originale zu „*Dolichopus*" tener Walther, 1904.- Archaeopteryx, **4**; Eichstätt.

Polz, H. (1987): Zur Differenzierung der fossilen Phyllopoden aus den Solnhofener Plattenkalken.- Archaeopteryx, **5**; Eichstätt.

Polz, H. (1988): *Clausia lithographica* Oppenheim.- Archaeopteryx, **6**; Eichstätt.

Polz, H. (1990): *Clausocaris lithographica* (?Crustacea, Thylacocephala). Ein Beitrag zur Morphologie der Thylacocephala.- Archaeopteryx, **8**: 93–109; Eichstätt.

Polz, H. (1992): Zur Lebensweise der Thylacocephala.- Archaeopteryx, **10**; Eichstätt.

Polz, H. (1994): *Mayrocaris bucculata* gen. nov. sp. nov. (Thylacocephala, Conchyliocarida) aus den Solnhofener Plattenkalken.- Archaeopteryx, **12**: 35–44; München.

Polz, H. (1995): Ein außergewöhnliches Jugendstadium eines palinuriden Krebses aus den Solnhofener Plattenkalken.- Archaeopteryx, **13**; München.

Polz, H. (1996): Eine Form-C-Krebslarve mit erhaltenem Kopfschild.- Archaeopteryx, **14**; München.

Polz, H. (1997): Der Carapax vom *Mayrocaris bucculata*.- Archaeopteryx, **15**: 59–71, 2 Abb., 2 Tab., 3 Taf.; München.

POLZ, H. (1998): *Schweglerella strobli*, gen. nov. sp. nov. (Crustacea, Isopoda: Sphaeromatidea, eine Meeresassel aus den Solnhofener Plattenkalken. Archaeopteryx **16**: 19–21, 2 Abb., 3 Tafeln; München.

POPOV, Y. A. (1971): Istoricheskoe razvitie poluzhestkokrylykh infraotrypa Nepomorpha (Heteropoda) [Historical development of Hemiptera of the infraorder Nepomorpha (Heteroptera)].- Trudy Paleontologicheskogo Instituta Akademii Nauk SSSR [Prodeedings of the Palaeontological Institute of the Academy of Sciences USSR], **129**: 1–288; Moskau [in Russisch].

QUENSTEDT, F. A. (1856–1857): Der Jura.- 1. Aufl., 842 S., 100 Taf., 3 Farbtaf. [1–208, Taf. 1–24 (Juli 1856), 209–368, Taf. 25–48 (Dez. 1856), 369–576 (April 1857), 577–842, Taf. 73–100 (Okt. 1857)]; Tübingen (Laupp) [4. Aufl. 1858].

QUENSTEDT, F. A. (1887–1888): Die Ammoniten des Schwäbischen Jura. Teil III.- S. 817–1140, Taf. 91–126; Stuttgart (E. Schweizerbart) [Reprint 1973].

RENESTO, S. & VIOHL, G. (1997): A sphenodontid (Reptilia, Diapsida) from the Late Kimmeridgian of Schamhaupten (Southern Franconian Alb, Bavaria, Germany).- Archaeopteryx, **15**: 27–46, 9 Abb., 2 Tab.; München.

RESCH, U. (1994): Zwei Libellen in Tandemstellung.- Fossilien, **11**/4: 364–365, 1 Abb.; Korb.

RESCH, U. & LEHMANN, J. (1994): An seiner Beute erstickt.- Fossilien, **11**/1: 19–20, 3 Abb.; Korb.

RIEGRAF, W. (1995): Cephalopoda dibranchiata fossiles (Coleoidea) [unter Mitarbeit von A. WEISS & P. DOYLE]. In: WESTPHAL, F. [Ed.], Fossilium Catalogus. I: Animalia. Pars 133.- 411 S.; Amsterdam, New York (Kugler).

RIEGRAF, W., JANSSEN, N. M. M. & SCHMITT-RIEGRAF, C. (1998): Cephalopoda dibranchiata fossiles (Coleoidea) II. In: WESTPHAL, F. [Ed.], Fossilium Catalogus. I: Animalia. Pars 135: 1–512.- 519 S.; Leiden (Backhuys Publishers).

RIEGRAF, W. & SCHMITT-RIEGRAF, C. (1995): Mandibula fossiles ammonitorum et nautilorum (Rhyncholithi et rhynchoteuthes, excl. aptychi et anaptychi). In: WESTPHAL, F. [Ed.], Fossilium Catalogus. I: Animalia. Pars 134.- 219 S., 43 Taf.; Amsterdam, New York (Kugler).

RIEGRAF, W. & SCHMITT-RIEGRAF, C. (1998): Supplementum ad mandibula fossiles ammonitorum et nautilorum (Rhyncholithi et rhynchoteuthes, excl. aptychi et anaptychi). In: Westphal, F. [Ed.], Fossilium Catalogus. I: Animalia. Pars 135: 513–519.- 519 S.; Leiden (Backhuys).

RÖPER, M. (1992): Beitrag zur Deutung des Lebensraumes der Plattenkalke der Altmühlalb (Malm ε 2 bis Malm ζ 3).- Dissertation Universität Bonn, XVII + 96 + 25 S., 1 Profil 14 Taf.; Bonn (Selbstverlag).

RÖPER, M. (1996): Paläontologie in Regensburg.- Fossilien, **13**/5: 315–322, 6 Abb.; Korb.

RÖPER, M. (1997): Crinoiden-, Ophiuren- und Asteridenhorizonte in untertithonischen Plattenkalken der südlichen Frankenalb. In: ESCHGHI, I. & RUDOLF, H. [Eds.], 67. Jahrestagung der Paläontologischen Gesellschaft. Vortrags- und Posterkurzfassungen. Vom 21.–28. September 1997 in Daun/Vulkaneifel.- Terra Nostra, **97**/6: 100–101; Köln.

RÖPER, M. & GÖTZ, K. (in Vorbereitung): Zur Paläökologie der Asteriden und Ophiuren in den oberen Hienheimer Plattenkalken (Unteres Untertithonium; fränk. Malm zeta 3b; Südliche Frankenalb).- Berliner Geowissenschaftliche Anhandlungen (Reihe E); Berlin.

RÖPER, M. & ROTHGAENGER, M. (1995): Eine neue Fossillagerstätte in den ostbayrischen Oberjura-Plattenkalken bei Brunn/Oberpfalz – erster Forschungsbericht.- Jahresberichte und Mitteilungen der Freunde der Bayerischen Staatssammlung für Paläontologie und Historische Geologie, **23**: 32–46, 1 Abb., 4 Taf.; München.

RÖPER, M. & ROTHGAENGER, M. (1996): Grabungen in den Ostbayerischen Plattenkalken von Brunn bei Regensburg.- Fossilien, **13**/1: 31–36, 10 Abb.; Korb.

RÖPER, M. & ROTHGAENGER, M. (1998): Die Plattenkalke von Hienheim (Landkreis Kehlheim). Echinodermen-Biotope im Südfränkischen Jura.- 110 S., 156 Abb.; Eichendorf bei Landau/Isar (Eichendorf-Verlag).

RÖPER, M. & ROTHGAENGER, M. (1998): Die Plattenkalke von Solnhofen, Langenaltheim, Mörnsheim.- Treuchtlingen (Keller).

RÖPER, M., ROTHGAENGER, M. & ROTHGAENGER, K. (1996): Die Plattenkalke von Brunn (Landkreis Regensburg).- 102 S., 126 Abb., 10 Taf.; Eichendorf bei Landau a. d. Isar (Eichendorf).

RÜPPELL, E. (1829): Abbildung und Beschreibung einiger neuen oder wenig bekannten Versteinerungen aus der Kalkschieferformation von Solnhofen.- 12 S., 4 Taf.; Frankfurt/Main (Brönner).

SAPORTA, G. DE (1873): Notice sur les plantes fossiles du niveau des lits à poissons de Cerin.-

SCHARF, K. H. (1998): Urvögel machen Schlagzeilen.- Praxis der Naturwissenschaften (Biologie), **47**/5: 14; Köln.

SCHLEGELMILCH, R. (1994): Die Ammoniten des süddeutschen Malms. Ein Bestimmungsbuch für Geowissenschaftler und Fossiliensammler.- VIII + 297 S., 9 Abb., 2 Tab., 73 Taf.; Stuttgart, Jena, New York (G. Fischer).

SCHLEGELMILCH, R. (1998): Die Belemniten des süddeutschen Jura.- 151 S., 142 Abb., 6 Tab., 22 Taf.; Stuttgart, Jena, Lübeck, Ulm (G. Fischer).

SCHLOTHEIM, E. F. VON (1822–1823): Nachträge zur Petrefaktenkunde. 1. Abth. Bd. 1–2 [Bd. 2: Beiträge zur näheren Bestimmung der versteinerten und fossilen Krebsarten].- XI + 214 S., 37 Taf.; Gotha (Becker).

SCHWEIGERT, G. (1998): Ein Stück „Festland" im Solnhofener Plattenkalk.- Jahresberichte und Mitteilungen des Oberrheinischen Geologischen Vereins (neue Folge), **80**: 271–278, 2 Abb.; Stuttgart.

SCHWEIGERT, G., DIETL, G. & RÖPER, M. (1998): *Epitrachys rugosus* EHLERS aus oberjurassischen Plattenkalken Süddeutschlands.- Mitteilungen der Bayerischen Staatssammlung für Paläontologie und Historische Geologie.- [im Druck].

SCHWEIZER, R. (1964): Die Elasmobranchier und Holocephalen aus den Nusplinger Plattenkalken.- Palaeontographica (A), **123**: 58–110, 15 Abb., Taf. 7–12; Stuttgart.

SOEMMERING, S. T. VON (1812): Ueber einen *Ornithocephalus*.- Denkschriften der Königlich Bayerischen Akademie der Wissenschaften (Mathematisch-physikalische Classse), **3**, 89–158, Taf. 5–7; München.

STERNBERG, K. VON (1833): Versuch einer geognostisch-botanischen Darstellung der Flora der Vorwelt. Bd. 2. H. 5–6.- 80 S.; Prag (J. Sparny).

SWINBURNE, N. H. M. & HEMLEBEN, C. (1994): The Plattenkalk facies: a deposit of several environments. In: BERNIER, P. & GAILLARD, C. [Eds.], Les calcaires lithographiques. Sédimentologie, paléontologie, taphonomie. Table ronde internationale „Calcaire lithographique". Lyon (F)- 8-9-10 juillet 1991.- Géobios, Mémoire spécial, **16**: 313–320, 1 Taf.; Lyon.

THIES, D. & ZAPP, M. (1997): Ein *Lepidotes* aus den Plattenkalken bei Schamhaupten.- Archaeopteryx, **15**: 11–26, 7 Abb.; München.

THIOLLIÈRE, V. (1852): Troisième note sur le gisements à poissons fossiles situés dans le Jura de Dept. de l'Ain.- Annales des Sciences Naturelles, de Physique, de la Nature et d'Agriculture Industrielle (2), **4**: 353–446; Lyon.

THIOLLIÈRE, V. (1854): Description des poissons fossiles provenant des gisements coralliens du Jura dans le Bugey.- Annales des Sciences Naturelles, de Physique, de la Nature et d'Agriculture Industrielle (2), **4**/2: 175–184; Lyon.

THIOLLIÈRE, V. (1858): Notes sur les poissons fossiles de Bugey, et sur l'application de la méthode de Cuvier à leur classement.- Bulletin de la Société Géologique de France (2), **15**: 782–794; Paris.

TISCHLINGER, H. (1994): „Ein Sammler, wie es keinen zweiten vor ihm gegeben hat". Zum 150. Todestag des „Solnhofen-Sammlers" Graf Münster.- Archaeopteryx, **12**: 55–68, 8 Abb.; München.

TISCHLINGER, H. (1996): Plattenkalk-Libellen. Belege für ein Trockenfallen?- Fossilien, **13**/5: ; Korb.

TISCHLINGER, H. (1998): Erstnachweis von Pigmentfarben bei Plattenkalk-Teleosteern.- Archaeopteryx, **16**: 1-18, 9 Abb., 4 Taf.; München.

TISCHLINGER, H. (1998): Vom Leben und Sterben der Urvögel. Palökologie und Taphonomie der *Archaeopteryx*-Funde.- Praxis der Naturwissenschaften (Biologie), **47**/5: 3–10, 6 Abb.; Köln.

TISCHLINGER, H. (1998): Die Flugkünstler der Jurazeit. Neue Erkenntnisse zum Leben der Flugsaurier.- Praxis der Naturwissenschaften (Biologie), **47**/5: 29–34, 3 Abb.; Köln.

TISCHLINGER, H. & SCHARF, K. H. (1998): Das 8. *Archaeopteryx*-Exemplar.- Praxis der Naturwissenschaften (Biologie), **47**/5: 1–2, 3 Abb.; Köln.

VIOHL, G. (1990): The paleoenvironment of the Late Jurassic fishes from the southern Franconian Alb (Bavaria, Germany). In: ARRATIA, G. & VIOHL, G. [Eds.], Jurassic fishes – systematics and paleoecology: 513–528, 15 Abb.; München (F. Pfeil).

VIOHL, G. (1994): Mesozoic fishes. Systematics and palaeontology. Guide to Field trips 1993.- Eichstätt (Jura-Museum Eichstätt).

VIOHL, G. (1994): Fish taphonomy of the Solnhofen Plattenkalk: An approach to the reconstruction of the palaeoenvironment. In: BERNIER, P. & GAILLARD, C. [Eds.], Les calcaires lithographiques. Sédimentologie, paléontologie, taphonomie. Table ronde internationale „Calcaire lithographique". Lyon (F)- 8-9-10 juillet 1991.- Géobios, Mémoire spécial, **16**: 81–90, 6 Abb.; Lyon.

Viohl, G. (1994): The paleoenvironment of the Late Jurassic fishes from the southern Franconian Alb (Bavaria, Germany). In: Arratia, G. & Viohl, G. [Eds.], Mesozoic fishes – Systematics and paleoecology. Proceedings of an International Meeting, Eichstätt 1993: 513–528, 15 Abb.- München (F. Pfeil).

Viohl, G. (1998): Die Solnhofener Plattenkalke – Entstehung und Lebensräume.- Archaeopteryx **16**: 37–68, 24 Abb.; München.

Wagner, A. (1837): Beschreibung eines neuentdeckten *Ornithocephalus*, nebst allgemeinen Bemerkungen über die Organisation dieser Gattung.- Abhandlungen der Bayerischen Akademie der Wissenschaften (Mathematisch-physikalische Classe), **2**: 165–198, 1 Taf.; München.

Wagner, A. (1859): Revision der bisherigen systematischen Bestimmungen der fossilen Überreste von nackten Dintenfischen aus dem süddeutschen Juragebirge.- Gelehrter Anzeiger der Königlich Bayerischen Akademie der Wissenschaften (Mathematisch-Physikalische Classe), **48**: 273–278; München.

Wellnhofer, P. (1995): *Archaeopteryx* – der Urvogel aus Bayern. In: Katalog der 32. Mineralientage München 1995.- München.

Wellnhofer, P. (1995): *Archaeopteryx*. Zur Lebensweise der Solnhofener Urvögel.- Fossilien, **12**/5: 296–307, 13 Abb.; Korb.

Wellnhofer, P. (1996): Solnhofen und die Paläontologie.- Fossilien, **13**/3: 147–158, 10 Abb.; Korb.

Wellnhofer, P. (1998): Abstammung und verwandtschaftliche Beziehungen von *Archaeopteryx*.- Praxis der Naturwissenschaften (Biologie), **47**/5: 11–13, 6 Abb.; Köln.

Westwood, J. O. (1854): Contributions to fossil entomology.- Quarterly Journal of the Geological Society of London, **10**: 378–396; London.

Weyenbergh, H. (1874): Enumeration systématique des espèces qui forment la faune entomologique de la période Mesozoique de la Bavière.- Periódico Zoológico, **1**: 87–106; Buenos Aires.

Willmann, R. & Novokschonov, V. (1998): *Orthophlebia lithographica* – die erste Mecoptere aus dem Solnhofener Plattenkalk (Insecta: Mecoptera, Jura).- Neues Jahrbuch für Geologie und Paläontologie Monatshefte, **1998**: 529–536, 5 Abb.; Stuttgart.

Wiman, C. (1925): Über *Pterodactylus Westmani* und andere Flugsaurier.- Bulletin of the Geological Institution of the University of Uppsala, **20**: 1–38, 23 Abb., Taf. 1–2; Uppsala.

Woodward, A. S. (1889): Catalogue of the fossil fishes in the British Museum (Natural History), Cromwell Road, S. W. Part 1. Elasmobranchii.- XLVII + 474 S., 17 Taf.; London (Longmans).

Woodward, A. S. (1919): On two new elasmobranch fishes (*Crossorhinus jurassicus* sp. nov. and *Protospinax annectans* gen. et. sp. nov.) from the Upper Jurassic lithographic stone of Bavaria.-Proceedings of the Zoological Society of London, 1918: 231–235, Taf. 1; London.

Yalden, D. W. (1997): Climbing *Archaeopteryx*.- Archaeopteryx, **15**: 107–1081 Abb.; München.

Zeiss, A. (1977): Jurassic stratigraphy of Franconia.- Stuttgarter Beiträge zur Naturkunde (Reihe B), **31**: 1–32, 8 Abb.; Stuttgart.

Zeiss, A. (1992): Ein neuer Ammonitenfund aus den Solnhofener Plattenkalken. – Archaeopteryx, **10**: 19–23, 1 Abb.; Eichstätt.

Zittel, K. A. von (1887–1890): Handbuch der Palaeontologie. 1. Abth. Palaeozoologie. Bd. 3: Vertebrata: Pisces, Amphibia, Reptilia, Aves.- XII + 900 S., 719 Abb.; München, Leipzig (Oldenbourg).

Zügel, P. (1997): Discovery of a radiolarian fauna from the Tithonian of the Solnhofen area (Southern Franconian Alb, southern Germany).- Paläontologische Zeitschrift, **71**: 197–209, 5 Abb.; Stuttgart.

和文索引

ア 行

アエスクニディウム属 Aeschnidium 115
アエスクノゴムフス属 Aeschnogomphus 115
アエスクノプシス属 Aeschnopsis 115
アカレファ属 Acalepha 44
アカントキラナ属 Acanthochirana 88
アカントイティス属 Acanthoteuthis 65
アクタエア属 Actaea 146
アクラスペディテス属 Acraspedites 44
アスタルテ属 Astarte 53
アスピドセラス属 Aspidoceras 58
アトロタクシテス属 Athrotaxites 24
アニソフレビア属 Anisophlebia 115
アニソリンクス属 Anisorhynchus 146
アノミア属 Anomia 53
アピアリア属 Apiaria 147
アポルライス属 Aporrhais 50
アマロデス属 Amarodes 146
アミメカゲロウ alder fly 142
アミ glass shrimp 85
アメンボ water-strider 131
アラウカリア属 Araucaria 24
アルカエオレパス属 Archaeolepas 83
アルカステロペクテン属 Archasteropecten 161
アルキプシケ属 Archipsyche 139
アルケゲテス属 Archegetes 142
アルコミティルス属 Arcomytilus 53
アントネマ属 Anthonema 109
アントリムポス属 Antrimpos 90
アンモナイト ammonite 58
アンモネラ属 Ammonella 38

イカ squid 67
異翅類 Heteroptera 136
イソフレビア属 Isophlebia 119
イチョウ ginkgo 23
イノセラムス属 Inoceramus 54

ウドラ属 Udora 94
ウドレラ属 Udorella 94
ウニ sea urchin 166
ウミグモ pantopod 82
ウミユリ sea lily 157
ウルダ属 Urda 86
ウロゴムフス属 Urogomphus 126

エウティレイテス属 Euthyreites 148
エウニキテス属 Eunicites 75
エウファエオプシス属 Euphaeopsis 119
エウリトタ属 Eulithota 40
エオキカダ属 Eocicada 139
エオペクテン属 Eopecten 54
エガー属 Aeger 88
エタロニア属 Etallonia 100
エピフィリナ属 Epiphyllina 40
エムピディア属 Empidia 113
エリオン属 Eryon 99
エリマ属 Eryma 99
エルカナ属 Elcana 132
エルダー属 Elder 85
エントリウム属 Entolium 54

オウムガイ nautiloid 58
大型エビ類 lobsters 96
オスミリテス属 Osmylites 144
オニキテス Onychites 68
オフィウレラ属 Ophiurella 164
オフィオペトラ属 Ophiopetra 163
オプシス属 Opsis 149
オムマ属 Omma 149
オリクティテス属 Oryctites 149
オルトフレビア属 Orthophlebia 145

カ 行

海綿動物 sponge 38
カニ類 107
カゲロウ mayfly 113
カサノリ類 Dasycladaceae 18
カブトガニ horseshore crab 80
カメムシ類 Heteroptera 136
カリグラマ属 Kalligramma 143
カリグラムムラ属 Kalligrammula 143
「カルディウム」属 "Cardium" 54
ガレルキテス属 Galerucites 148
カンクリノス属 Cancrinos 96
環形動物 annelid 75
カンノストミテス属 Cannostomites 40

偽化石 pseudofossil 33
キカディテス属 Cycadites 19
キカドプテリス属 Cycadopteris 20
ギガントテルメス属 Gigantotermes 130
キクレリオン属 Cycleryon 97

キバチ類 154
キパリシディウム属 *Cyparisidium* 26
ギボシムシ acorn worm 175
キマトフレビア属 *Cymatophlebia* 118
ギムノケリティウム属 *Gymnocerithium* 51
球果類 conifer 23
棘皮動物 echinoderm 157
キルトフィリテス属 *Cyrtophyllites* 132

腔腸動物 coelenterate 40
クテノスコレクス属 *Ctenoscolex* 75
クネベリア属 *Knebelia* 100
クフォソレヌス属 *Cuphosolenus* 50
クモ spider 82
クモヒトデ brittle star 163
グラヴェシア属 *Gravesia* 59
クラウソカリス属 *Clausocaris* 109
クラゲ medusa 40
グラーヌラプティクス *Granulaptychus* 64
クラミス属 *Chlamys* 54
クリソメロファナ *Chrysomelophana* 147
グリファエア属 *Glyphaea* 100
クリペイナ属 *Clypeina* 18
クルクリオニテス属 *Curculionites* 148
グロキセラス属 *Glochiceras* 59
グロブラリア属 *Globularia* 51
クワドリメドゥシナ属 *Quadrimedusina* 40

ゲオコマ属 *Geocoma* 163
ゲオトゥルポイデス属 *Geotrupoides* 148
ケラエノトイティス属 *Celaenoteuthis* 67
ケラムビキヌス属 *Cerambycinus* 147
ゲルヴィリア属 *Gervillia* 54

甲殻類 crustacean 80
　　──の幼生 larvae of crustacean 109
甲虫 beetle 146
コオロギ cricket 132
小型エビ類 shrimps 88
ゴキブリ roach 129
コケムシ bryozoan 49
ゴニオリナ属 *Goniolina* 18
コノケファリテス属 *Conocephalites* 132
コマツレラ属 *Comaturella* 157
コリダリス属 *Corydalis* 147
昆虫 insect 113
コンドリテス属 *Chondrites* 23

サ　行

サガ属 *Saga* 85
サッココマ属 *Saccocoma* 159
ザミテス属 *Zamites* 21

シダ種子類 seed fern 19
シノスラ属 *Sinosura* 164

忍ぶ石 dendrite 33
シャコ mantis shrimp 108
シャジクモ類 Characeae 18
シュヴェグレレルラ属 *Schweglerella* 86
ジュラッソバテア属 *Jurassobatea* 133
鞘形類 coleoid 64
触手動物 Tentaculata 47
シリアゲムシ panorpid 145
シルフィテス属 *Silphites* 150
シロアリ termite 129
針葉樹 conifer 23

スカラバエイデス属 *Scarabaeides* 137
スクルダ属 *Sculda* 108
スティゲオネパ属 *Stygeonepa* 138
ステノキルス属 *Stenochirus* 106
ステノフレビア属 *Stenophlebia* 123
「ステルナルトロン」属 "*Sternarthron*" 82
ストネリア属 *Sutneria* 63
スピニゲラ属 *Spinigera* 52
スファエロデモプシス属 *Sphaerodemopsis* 137
スフェノザミテス属 *Sphenozamites* 22
スプラニテス属 *Subplanites* 61
スポンディロペクテン属 *Spondylopecten* 56

セプタリフォリア属 *Septaliphoria* 47
セマエオストミテス属 *Semaeostomites* 42
セミグロブス属 *Semiglobus* 150
セミ cicada 139
セルプラ serpula 77
蠕虫 worm 75

双翅類 Diptera 156
藻類 algae 16
ソテツ palm fern 19
ソラノクリニテス属 *Solanocrinites* 159
ソレミア属 *Solemya* 56

タ　行

タラメリセラス属 *Taramelliceras* 63
タルソフレビア属 *Tarsophlebia* 125

ディクロロマ属 *Dicroloma* 50
ディトモプテラ属 *Ditomoptera* 136
ディトレマリア属 *Ditremaria* 51
ティプラリア属 *Tipularia* 156
テトラグラムマ属 *Tetragramma* 170
テルミナステル属 *Terminaster* 161

等脚類 isopod 86
ドゥサ属 *Dusa* 93
頭足類 cephalopod 58
ドゥロブナ属 *Drobna* 92
ドノヴァニトイティス属 *Donovaniteuthis* 67
トビケラ caddis fly 155

トラキトイティス属 Trachyteuthis 72
ドリアンテス属 Doryanthes 68
「ドリコプス」属 "Dolichopus" 109
トルクアティスフィンクテス属 Torquatisphinctes 63
トレマディクティオン属 Tremadictyon 38
トンボ dragonfly 115

ナ 行

ナマコ sea cucumber 173
ナランダ属 Naranda 110
軟体動物 mollusc 50
ナンノゴムフス属 Nannogomphus 122
ナンヨウスギ属 Araucaria 24

二枚貝 bivalve 53
ニムフィテス属 Nymphites 144

ヌクレオリテス属 Nucleolites 167

ネウロポラ属 Neuropora 38
ネオケトセラス属 Neochetoceras 61
ネリトプシス属 Neritopsis 51

ノトクペス属 Notocupes 149
ノトネクティテス属 Notonectites 136
ノドプロソポン属 Nodoprosopon 102

ハ 行

ハエ類 Diptera 156
パギオフィルム属 Pagiophyllum 26
バックランディア属 Bucklandia 20
バッタ locust 132
パテラ属 Patella 51
花虫類 Anthozoa 46
パラエアスタクス属 Palaeastacus 102
パラエオキパリス属 Palaeocyparis 27
パラエオパグルス属 Palaeopagurus 104
パラエオヒルド属 Palaeohirudo 77
パラエオヘテロプテラ属 Palaeoheteroptera 136
パラエオペンタケレス属 Palaeopentacheles 104
パラエオポリケレス属 Palaeopolycheles 104
パラエオロリゴ属 Palaeololigo 70
パラエガ属 Palaega 86
パリヌリナ属 Palinurina 105
パルピテス属 Palpites 110
半索動物 Hemichordata 175

ピガステル属 Pygaster 168
ピクノフレビア属 Pycnophlebia 133
ピグルス属 Pygurus 170
ヒトデ starfish 161
ヒドロクラスペドータ属 Hydrocraspedota 44
ヒドロ虫 hydrozoan 44
ヒドロフィルス属 Hydrophilus 148

ヒボノティセラス属 Hybonoticeras 60
「ヒボリテス属」"Hibolithes" 65
ビルギア属 Bylgia 92
ヒルデラ属 Hirudella 76
ピロクローファナ属 Pyrochroophana 150
ピンナ属 Pinna 56

ファランギテス属 Phalangites 110
フィモソマ属 Phymosoma 168
フィモペディナ属 Phymopedina 167
フィロソマ属 Phyllosoma 111
フィロタルス属 Phyllothallus 16
フォラドミア属 Pholadomya 55
ブキア属 Buchia 54
プセウダスタクス属 Pseudastacus 106
プセウドアガニデス属 Pseudaganides 58
プセウドカウディナ属 Pseudocaudina 173
プセウドグリラクリス属 Pseudogryllacris 133
プセウドサレニア属 Pseudosalenia 168
プセウドシレクス属 Pseudosirex 154
プセウドディアデマ属 Pseudodiadema 168
プセウドティレア属 Pseudothyrea 150
プセウドナウティルス属 Pseudonautilus 58
プセウドヒドロフィルス属 Pseudohydrophilus 150
プセウドミルメレオン属 Pseudomyrmeleon 145
ブプレスティデス属 Buprestides 147
ブラキザフェス属 Brachyzapfes 83
ブラキフィルム属 Brachyphyllum 25
ブラクラ属 Blacula 90
フランコカリス属 Francocaris 85
フリクティソマ属 Phlyctisoma 105
フルキフォリウム属 Furcifolium 23
プレギオキダリス属 Plegiocidaris 168
プレシオトイティス属 Plesioteuthis 70
プロカラブス属 Procarabus 149
プロカロソマ属 Procalosoma 149
プロクリソメラ属 Prochrysomela 149
プロゲオトルペス属 Progeotrupes 129
プロステノフレビア属 Prostenophlebia 122
プロテロゴムフス属 Proterogomphus 122
プロトプシケ属 Protopsyche 141
プロトホロツリア属 Protoholothuria 173
プロトミルメレオン属 Protomyrmeleon 123
プロトリンデニア属 Protolindenia 123
プロピゴランプス属 Propygolampis 131
プロヒルモネウラ属 Prohirmoneura 156
プロヘメロスコプス属 Prohemeroscopus 122
プロリストラ属 Prolystra 140
糞石 coprolite 79

ヘキサゲニテス属 Hexagenites 113
ペディナ属 Pedina 167
ペトラスクラ属 Petrascula 18
ヘフリガ属 Hefriga 93
ヘミキダリス属 Hemicidaris 166
ベルゲリアエスクニディア属 Bergeriaeschnidia 117

ベレムナイト belemnite 64
ベロプテシス属 Beloptesis 139
ペンタステリア属 Pentasteria 161

ポシドニア属 Posidonia 56
ポドザミテス属 Podozamites 29
ボムブル属 Bombur 90

マ 行

マイロカリス属 Mayrocaris 109
巻貝 gastropod 50
マギラ属 Magila 101
膜翅類 Hymenoptera 154
マグノシア属 Magnosia 166
マルメラテル属 Malmelater 149
マルモミルメレオン属 Malmomyrmeleon 120
蔓脚類 barnacle 83

脈翅類 alder fly 142
ミルミキウム属 Myrmicium 154
ミレリクリヌス属 Millericrinus 158

ムエンステリア属 Muensteria 77
ムエンステレラ属 Muensterella 68

メガロケルカ属 Megalocerca 129
メコキルス属 Mecochirus 101
メスロペタラ属 Mesuropetala 120
メソクリソパ属 Mesochrysopa 143
メソクリソプシス属 Mesochrysopsis 143
メソコリクサ属 Mesocorixa 136
メソタウリウス属 Mesotaulius 155
メソネパ属 Mesonepa 136
メソバラノグロスス属 Mesobalanoglossus 176
メソリムルス属 Mesolimulus 80

「メドゥシテス」属 "Medusites" 44
メリンゴソマ属 Meringosoma 76

ラ 行

ラウナ属 Rauna 94
ラエウァプティクス Laevaptychus 64
ラクノセラ属 Lacunosella 48
ラフィベルス属 Rhaphibelus 67
ラブドキダリス属 Rhabdocidaris 170
ラーメラプティクス Lamellaptychus 64
藍藻類 Cyanophyceae 16

リオストレア属 Liostrea 55
リゾストミテス属 Rhizostomites 41
リタコセラス属 Lithacoceras 60
リタステル属 Lithaster 161
リッセロイデア属 Risselloidea 51
リッソア属 Rissoa 52
リトブラタ属 Lithoblatta 129
リマコディテス属 Limacodites 139
リマ属 Lima 54
リンギュラ属 Lingula 48
「リンコネラ」属 "Rhynchonella" 48

「ルムブリカリア」 "Lumbricaria" 79

レグノデスムス属 Legnodesmus 76
レプトトイティス属 Leptotheuthis 68
レプトブラキテス属 Leptobrachites 40
ロボイドツィリス属 Loboidothyris 47

ワ 行

ワラジムシ isopod 86
腕足動物 brachiopod 47

欧文索引

A

Acalepha アカレファ属　44
Acanthochirana アカントキラナ属　88
Acanthoteuthis アカントトイティス属　65
acorn worm ギボシムシ　175
Acraspedites アクラスペディテス属　44
Actaea アクタエア属　146
Aeger エガー属　88
Aeschnidium アエスクニディウム属　115
Aeschnogomphus アエスクノゴムフス属　115
Aeschnopsis アエスクノプシス属　115
alder fly 脈翅類（アミメカゲロウ）　142
algae 藻類　16
Amarodes アマロデス属　146
Ammonella アンモネラ属　38
ammonite アンモナイト　58
Anisophlebia アニソフレビア属　115
Anisorhynchus アニソリンクス属　146
annelid 環形動物　75
Anomia アノミア属　53
Anthonema アントネマ属　109
Anthozoa 花虫類　46
Antrimpos アントリムポス属　90
Apiaria アピアリア属　147
Aporrhais アポルライス属　50
Araucaria アラウカリア属（ナンヨウスギ属）　24
Archaeolepas アルカエオレパス属　83
Archasteropecten アルカステロペクテン属　161
Archegetes アルケゲテス属　142
Archipsyche アルキプシケ属　139
Arcomytilus アルコミティルス属　53
Aspidoceras アスピドセラス属　58
Astarte アスタルテ属　53
Athrotaxites アトロタクシテス属　24

B

barnacle 蔓脚類　83
beetle 甲虫　146
belemnite ベレムナイト　64
Beloptesis ベロプテシス属　139
Bergeriaeschnidia ベルゲリアエスクニディア属　117
bivalve 二枚貝　53
Blaculla ブラクラ属　90
Bombur ボムブル属　90
brachiopod 腕足動物　47

Brachyphyllum ブラキフィルム属　25
Brachyzapfes ブラキザフェス属　83
brittle star クモヒトデ　163
bryozoan コケムシ　49
Buchia ブキア属　54
Bucklandia バックランディア属　20
Buprestides ブプレスティデス属　147
Bylgia ビルギア属　92

C

caddis fly トビケラ　155
Cancrinos カンクリノス属　96
Cannostomites カンノストミテス属　40
"*Cardium*"「カルディウム」属　54
Celaenoteuthis ケラエノトイティス属　67
cephalopod 頭足類　58
Cerambycinus ケラムビキヌス属　147
Characeae シャジクモ類　18
Chlamys クラミス属　54
Chondrites コンドリテス属　23
Chrysomelophana クリソメロファナ属　147
cicada セミ　139
Clausocaris クラウソカリス属　109
Clypeina クリペイナ属　18
coelenterate 腔腸動物　40
coleoid 鞘形類　64
Comaturella コマツレラ属　157
conifer 球果類　23
Conocephalites コノケファリテス属　132
coprolite 糞石　79
Corydalis コリダリス属　147
cricket コオロギ　132
crustacean 甲殻類　80
　larvae of ──甲殻類の幼生　109
Ctenoscolex クテノスコレクス属　75
Cuphosolenus クフォソレヌス属　50
Curculionites クルクリオニテス属　148
Cyanophyceae 藍藻類　16
Cycadites キカディテス属　19
Cycadopteris キカドプテリス属　20
Cycleryon キクレリオン属　97
Cymatophlebia キマトフレビア属　118
Cyparisidium キパリシディウム属　26
Cyrtophyllites キルトフィリテス属　132

D

Dasycladaceae カサノリ類　18
dendrite 忍ぶ石　33
Dicroloma ディクロロマ属　50
Diptera 双翅類（ハエ類）　156
Ditomoptera ディトモプテラ属　136
Ditremaria ディトレマリア属　51
"*Dolichopus*"「ドリコプス」属　109
Donovaniteuthis ドノヴァニトイティス属　67
Doryanthes ドリアンテス属　68
dragonfly トンボ　115
Drobna ドゥロブナ属　92
Dusa ドゥサ属　93

E

echinoderm 棘皮動物　157
Elcana エルカナ属　132
Elder エルダー属　85
Empidia エムピディア属　113
Entolium エントリウム属　54
Eocicada エオキカダ属　139
Eopecten エオペクテン属　54
Epiphyllina エピフィリナ属　40
Eryma エリマ属　99
Eryon エリオン属　99
Etallonia エタロニア属　100
Eulithota エウリトタ属　40
Eunicites エウニキテス属　75
Euphaeopsis エウファエオプシス属　119
Euthyreites エウティレイテス属　148

F

Francocaris フランコカリス属　85
Furcifolium フルキフォリウム属　23

G

Galerucites ガレルキテス属　148
gastropod 巻貝　50
Geocoma ゲオコマ属　163
Geotrupoides ゲオトゥルポイデス属　148
Gervillia ゲルヴィリア属　54
Gigantotermes ギガントテルメス属　130
ginkgo イチョウ　23
glass shrimp アミ　85
Globularia グロブラリア属　51
Glochiceras グロキセラス属　59
Glyphaea グリファエア属　100
Goniolina ゴニオリナ属　18
Granulaptychus グラーヌラプティクス　64
Gravesia グラヴェシア属　59
Gymnocerithium ギムノケリティウム属　51

H

Hefriga ヘフリガ属　93
Hemichordata 半索動物　175
Hemicidaris ヘミキダリス属　166
Heteroptera 異翅類（カメムシ類）　136
Hexagenites ヘキサゲニテス属　113
"*Hibolithes*"「ヒボリテス属」　65
Hirudella ヒルデラ属　76
horseshore crab カブトガニ　80
Hybonoticeras ヒボノティセラス属　60
Hydrocraspedota ヒドロクラスペドータ属　44
Hydrophilus ヒドロフィルス属　148
hydrozoan ヒドロ虫　44
Hymenoptera 膜翅類　154

I

Inoceramus イノセラムス属　54
insect 昆虫　113
Isophlebia イソフレビア属　119
isopod 等脚類（ワラジムシ類）　86

J

Jurassobatea ジュラッソバテア属　133

K

Kalligramma カリグラムマ属　143
Kalligrammula カリグラムムラ属　143
Knebelia クネベリア属　100

L

Lacunosella ラクノセラ属　48
Laevaptychus ラエウァプティクス　64
Lamellaptychus ラーメラプティクス　64
Legnodesmus レグノデスムス属　76
Leptobrachites レプトブラキテス属　40
Leptotheuthis レプトトイティス属　68
Lima リマ属　54
Limacodites リマコディテス属　139
Lingula リンギュラ属　48
Liostrea リオストレア属　55
Lithaceras リタコセラス属　60
Lithaster リタステル属　161
Lithoblatta リトブラタ属　129
Loboidothyris ロボイドツィリス属　47
lobsters 大型エビ類　96
locust バッタ　132
"*Lumbricaria*"「ルムブリカリア」　79

M

Magila マギラ属　101
Magnosia マグノシア属　166
Malmelater マルメラテル属　149
Malmomyrmeleon マルモミルメレオン属　120
mantis shrimp　シャコ　108
mayfly　カゲロウ　113
Mayrocaris マイロカリス属　109
Mecochirus メコキルス属　101
medusa　クラゲ　40
"*Medusites*"「メドゥシテス」属　44
Megalocerca メガロケルカ属　129
Meringosoma メリンゴソマ属　76
Mesobalanoglossus メソバラノグロッス属　176
Mesochrysopa メソクリソパ属　143
Mesochrysopsis メソクリソプシス属　143
Mesocorixa メソコリクサ属　136
Mesolimulus メソリムルス属　80
Mesonepa メソネパ属　136
Mesotaulius メソタウリウス属　155
Mesuropetala メスロペタラ属　120
Millericrinus ミレリクリヌス属　158
mollusc　軟体動物　50
Muensterella ムエンステレラ属　68
Muensteria ムエンステリア属　77
Myrmicium ミルミキウム属　154

N

Nannogomphus ナンノゴムフス属　122
Naranda ナランダ属　110
nautiloid　オウムガイ　58
Neochetoceras ネオケトセラス属　61
Neritopsis ネリトプシス属　51
Neuropora ネウロポラ属　38
Nodoprosopon ノドプロソポン属　102
Notocupes ノトクペス属　149
Notonectites ノトネクティテス属　136
Nucleolites ヌクレオリテス属　167
Nymphites ニムフィテス属　144

O

Omma オムマ属　149
Onychites オニキテス属　68
Ophiopetra オフィオペトラ属　163
Ophiurella オフィウレラ属　164
Opsis オプシス属　149
Orthophlebia オルトフレビア属　145
Oryctites オリクティテス属　149
Osmylites オスミリテス属　144

P

Pagiophyllum パギオフィルム属　26
Palaeastacus パラエアスタクス属　102
Palaega パラエガ属　86
Palaeocyparis パラエオキパリス属　27
Palaeoheteroptera パラエオヘテロプテラ属　136
Palaeohirudo パラエオヒルド属　77
Palaeololigo パラエオロリゴ属　70
Palaeopagurus パラエオパグルス属　104
Palaeopentacheles パラエオペンタケレス属　104
Palaeopolycheles パラエオポリケレス属　104
Palinurina パリヌリナ属　105
palm fern　ソテツ　19
Palpites パルピテス属　110
panorpid　シリアゲムシ　145
pantopod　ウミグモ　82
Patella パテラ属　51
Pedina ペディナ属　167
Pentasteria ペンタステリア属　161
Petrascula ペトラスクラ属　18
Phalangites ファランギテス属　110
Phlyctisoma フリクティソマ属　105
Pholadomya フォラドミア属　55
Phyllosoma フィロソマ属　111
Phyllothallus フィロタルス属　16
Phymopedina フィモペディナ属　167
Phymosoma フィモソマ属　168
Pinna ピンナ属　56
Plegiocidaris プレギオキダリス属　168
Plesioteuthis プレシオトイティス属　70
Podozamites ポドザミテス属　29
Posidonia ポシドニア属　56
Procalosoma プロカロソマ属　149
Procarabus プロカラブス属　149
Prochrysomela プロクリソメラ属　149
Progeotrupes プロゲオトルペス属　129
Prohemeroscopus プロヘメロスコプス属　122
Prohirmoneura プロヒルモネウラ属　156
Prolystra プロリストラ属　140
Propygolampis プロピゴラムピス属　131
Prostenophlebia プロステノフレビア属　122
Proterogomphus プロテロゴムフス属　122
Protoholothuria プロトホロツリア属　173
Protolindenia プロトリンデニア属　123
Protomyrmeleon プロトミルメレオン属　123
Protopsyche プロトプシケ属　141
Pseudaganides プセウドアガニデス属　58
Pseudastacus プセウダスタクス属　106
Pseudocaudina プセウドカウディナ属　173
Pseudodiadema プセウドディアデマ属　168
pseudofossil　偽化石　33
Pseudogryllacris プセウドグリラクリス属　133
Pseudohydrophilus プセウドヒドロフィルス属　150
Pseudomyrmeleon プセウドミルメレオン属　145

Pseudonautilus プセウドナウティルス属　58
Pseudosalenia プセウドサレニア属　168
Pseudosirex プセウドシレクス属　154
Pseudothyrea プセウドティレア属　150
Pycnophlebia ピクノフレビア属　133
Pygaster ピガステル属　168
Pygurus ピグルス属　170
Pyrochroophana ピロクローファナ属　150

Q

Quadrimedusina クワドリメドゥシナ属　40

R

Rauna ラウナ属　94
Rhabdocidaris ラブドキダリス属　170
Rhaphibelus ラフィベルス属　67
Rhizostomites リゾストミテス属　41
"*Rhynchonella*"「リンコネラ」属　48
Risselloidea リッセロイデア属　51
Rissoa リッソア属　52
roach ゴキブリ　129

S

Saccocoma サッココマ属　159
Saga サガ属　85
Scarabaeides スカラバエイデス属　137
Schweglerella シュヴェグレレルラ属　86
Sculda スクルダ属　108
sea cucumber ナマコ　173
sea lily ウミユリ　157
sea urchin ウニ　166
seed fern シダ種子類　19
Semaeostomites セマエオストミテス属　42
Semiglobus セミグロブス属　150
Septaliphoria セプタリフォリア属　47
serpula セルプラ　77
shrimps 小型エビ類　88
Silphites シルフィテス属　150
Sinosura シノスラ属　164
Solanocrinites ソラノクリニテス属　159
Solemya ソレミア属　56

Sphaerodemopsis スファエロデモプシス属　137
Sphenozamites スフェノザミテス属　22
spider クモ　82
Spinigera スピニゲラ属　52
Spondylopecten スポンディロペクテン属　56
sponge 海綿動物　38
squid イカ　67
starfish ヒトデ　161
Stenochirus ステノキルス属　106
Stenophlebia ステノフレビア属　123
"*Sternarthron*"「ステルナルトロン」属　82
Stygeonepa スティゲオネパ属　138
Subplanites スププラニテス属　61
Sutneria ストネリア属　63

T

Taramelliceras タラメリセラス属　63
Tarsophlebia タルソフレビア属　125
Tentaculata 触手動物　47
Terminaster テルミナステル属　161
termite シロアリ　129
Tetragramma テトラグラムマ属　170
Tipularia ティプラリア属　156
Torquatisphinctes トルクアティスフィンクテス属　63
Trachyteuthis トラキトイティス属　72
Tremadictyon トレマディクティオン属　38

U

Udora ウドラ属　94
Udorella ウドレラ属　94
Urda ウルダ属　86
Urogomphus ウロゴムフス属　126

W

water-strider アメンボ　131
worm 蠕虫　75

Z

Zamites ザミテス属　21

博物館・個人コレクション

博物館

バイエルン州立古生物学・地史学博物館 Bayerische Staatssammlung für Paläontologie und historische Geologie［ミュンヘン München］ヘルム教授 Prof. Dr. D. Herm，ユング教授 Prof. Dr. W. Jung，シェイラー博士 Dr. G. Schairer，ヴェルンホーファ博士 Dr. P. Wellnhofer，ヴェルナー博士 Dr. W. Werner

市立ミュラー博物館 Bürgermeister Müller Museum［ゾルンホーフェン Solnhofen］ニュルンベルガー G. Nürnberger，シェーン R. Schön

カーネギー自然史博物館 Carnegie Museum of Natural History［アメリカ・ピッツバーグ Pittsburgh, USA］バーマン博士 Dr. D. Berman

ジュラ博物館 Jura-Museum［アイヒシュテット Eichstätt］フィオール博士 Dr. G. Viohl

マクスベルク博物館 Museum auf dem Maxberg［ゾルンホーフェン Solnhofen］クレス博士 Dr. Th. Kress

ベルゲル博物館 Museum Bergér［ハルトホーフ Harthof］ベルゲル G. Bergér

国立地質学・鉱物学博物館 Museum für Geologie und Mineralogie［ドレスデン Dresden］マテ博士 Dr. G. Mathé

フンボルト大学自然史博物館 Museum für Naturkunde der Humboldt-Universität zu Berlin［ベルリン Berlin］ハインリッヒ博士 Dr. W. D. Heinrich

アメリカ自然史博物館 Museum of Natural History［アメリカ・ニューヨーク New York, USA］メイジイ博士 Dr. J. G. Maisey

バンベルク自然史博物館 Naturkunde-Museum Bamberg［バンベルク Bamberg］モイザー博士 Dr. M. Mäuser

ゼンケンベルク自然史博物館 Naturmuseum Senckenberg［フランクフルト・アム・マイン Frankfurt a. M.］プロドフスキー博士 Dr. G. Plodowski，マルツ博士 Dr. H. Malz

国立自然史博物館 Staatliches Museum für Naturkunde［カールスルーエ Karlsruhe］リーチェル教授 Prof. Dr. Rietschel

国立自然史博物館 Staatliches Museum für Naturkunde［シュトゥットガルト Stuttgart］ベットハー博士 Dr. Böttcher，ヴィルト博士 Dr. R. Wild

テイラー博物館 Teylers Museum［オランダ・ハーレム Haarlem, Niederlande］ファン・フェーン J. C. van Veen

自然史博物館 The Natural History Museum［イギリス・ロンドン London, UK］ミルナー博士 Dr. Millner

個人コレクション

ベルガー Berger［プラインフェルト Pleinfeld］
ビュルガー Bürger［バート・ヘルスフェルト Bad Hersfeld］
ガスナー Gassner［ハノーバー Hannover］
グラウプナー Graupner［プラネック Planegg］
ヘンネ Henne［シュトゥットガルト Stuttgart］
クラウス Krauss［ヴァイセンブルク Weissenburg］
フォン・ヒンケルダイ v. Hinckelday［アイヒシュテット Eichstätt］
カリオプ博士 Dr. Kariopp［レーゲンスブルク Regensburg］
クノーデル Knodel［イルツェ Ilze］

クシェ Kusche［ハイデモール Heidemoor］
ライヒ Leich［ボーフム Bochum］
ルドヴィヒ Ludwig［シュトゥットガルト Stuttgart］*
ペルナー Perner［バート・ホンブルク Bad Homburg］
ポルツ Polz［ガイセンハイム Geisenheim］
レシュ Resch［クラウスタール・ツェラーフェルト Clausthal-Zellerfeld］
リューデル Rüdel［ミュンヘン München］
シェーファー Schäfer［キール Kiel］
シュヴェグラー Schwegler［ランゲンアルトハイム Langenaltheim］
シュヴァイツアー Schweitzer［ランゲンアルトハイム Langenaltheim］
シュミット Schmitt［フランクフルト・アム・マイン Frankfurt a. M.］
シェプフェル Schöpfel, Juma［グンゴルディング Gungolding］
ジーバー＋ジーバー Siber+Siber［チューリヒ近郊のアータル Aathal bei Zurich］
シュタルケ Starke［ボーデンヴェルダー Bodenwerder］
シュタルケ Starke［ヴェーデマルク Wedemark］
ティシュリンガー Tischlinger［シュタムハム Stammham］
ヴルフ Wulff［レーデルゼー Rödelsee］
＊現在は国立自然史博物館［シュトゥットガルト］蔵

以下の個人コレクターの方々は増補版刊行にあたり，そのコレクションの一部を提供してくれた．
ブリンデルト R. Blindert［フィンネントロプ Finnentrop］
ホルシェマッハー M. Holschemacher［ベルリン Berlin］
カスツメカート P. Kaszmekat［ゾルンホーフェン Solnhofen］
キュムペル D. Kümpel［ブッパータール Wuppertal］
ゼッペルト St. Seppelt［ヒルデスハイム Hildesheim］
シュテベナー G. Stöbener［シュタウフェンベルク Staufenberg］
ヴィーゼンミュラー博士 Dr. H. Wiesenmüller［ニュルンベルク Nürnberg］
ヒレン H. Hillen［ノルトホルン Nordhorn］
フェルトハウス博士 Dr. M. Felthaus［ミンデン Minden］
クラウゼ H. Krause［シッファーシュタット Schifferstadt］
ペシェル R. Pöschel［ミュールハイム Mühlheim］
シュピーゲルベルク Th. Spiegelberg［ハイデルベルク Heidelberg］
ヴァイス K. D. Weiss［フィッシュバッハ Fischbach］
ヴィムマー G. Wimmer［パッサウ Passau］

写真提供者

バルリンク H. W. Balling（ジュラ博物館［アイヒシュテット］）　178, 549
ベルガー G. Berger　14
ゲッツ K. Götz　34, 44, 233, 242, 532, 533
コイプ教授 Prof. Dr. Keupp（Institut für Paläontologie, Freie Universtät Berlin）　179
ペルバント S. Perbandt　85, 377
プロドフスキー博士 Dr. G. Plodowski　94
ポルツ H. Polz　109, 238, 277, 278, 326, 333
レシュ U. Resch　73
リューデル P. Rüdel　291, 323
ティシュリンガー H.Tischlinger　57, 64, 197, 276
ヴルフ M. Wulf　268, 269

その他の写真はすべて著者による.

監訳者

小畠郁生（おばたいくお）

- 1929年　福岡県に生まれる
- 1956年　九州大学大学院（理学研究科）博士課程中退
  国立科学博物館地学研究部長
  大阪学院大学国際学部教授を経て
- 現　在　国立科学博物館名誉館員・理学博士

訳　者

舟木嘉浩（ふなきよしひろ）

舟木秋子（ふなきしゅうこ）

ゾルンホーフェン化石図譜 I
―植物・無脊椎動物ほか―
定価はカバーに表示

2007年5月20日　初版第1刷

監訳者	小　畠　郁　生	
訳　者	舟　木　嘉　浩	
	舟　木　秋　子	
発行者	朝　倉　邦　造	
発行所	株式会社　朝倉書店	

東京都新宿区新小川町6-29
郵便番号　162-8707
電話　03(3260)0141
FAX　03(3260)0180
http://www.asakura.co.jp

〈検印省略〉

© 2007〈無断複写・転載を禁ず〉　　　中央印刷・渡辺製本

ISBN 978-4-254-16255-4　C 3644　　Printed in Japan

D.E.G.ブリッグス他著　大野照文監訳 鈴木寿志・瀬戸口美恵子・山口啓子訳 **バージェス頁岩化石図譜** 16245-5 C3044　　A5判 248頁 本体5400円	カンブリア紀の生物大爆発を示す多種多様な化石のうち主要な約85の写真に復元図をつけて簡潔に解説した好評の"The Fossils of the Burgess Shale"の翻訳。わかりやすい入門書として，また化石の写真集としても楽しめる。研究史付
小畠郁生監訳　池田比佐子訳 **恐竜野外博物館** 16252-3 C3044　　A4変判 144頁 本体3800円	現生の動物のように生き生きとした形で復元された仮想的観察ガイドブック。〔内容〕三畳紀(コエロフィシス他)／ジュラ紀(マメンチサウルス他)／白亜紀前・中期(ミクロラプトル他)／白亜紀後期(トリケラトプス，ヴェロキラプトル他)
横国大 間嶋隆一・前静岡大 池谷仙之著 **古生物学入門** 16236-3 C3044　　A5判 192頁 本体3900円	古生物学の概説ではなく全編にわたって「化石をいかに科学するか」を追求した実際的な入門書。〔内容〕古生物学とは／目的・関連科学／未来／化石とは／定義／概念／身近かな化石の研究／貝化石の産状の研究／微化石の研究／論文の書き方
C.ミルソム・S.リグビー著 小畠郁生監訳　舟木嘉浩・舟木秋子訳 **ひとめでわかる 化石のみかた** 16251-6 C3044　　B5判 164頁 本体4600円	古生物学の研究上で重要な分類群をとりあげ，その特徴を解説した教科書。〔内容〕化石の分類と進化／海綿／サンゴ／コケムシ／腕足動物／棘皮動物／三葉虫／軟体動物／筆石／脊椎動物／陸上植物／微化石／生痕化石／先カンブリア代／顕生代
R.T.J.ムーディ・A.Yu.ジュラヴリョフ著 小畠郁生監訳 **生命と地球の進化アトラスⅠ** ―地球の起源からシルル紀― 16242-4 C3044　　A4変判 148頁 本体8800円	プレートテクトニクスや化石などの基本概念を解説し，地球と生命の誕生から，カンブリア紀の爆発的進化を経て，シルル紀までを扱う(オールカラー)。〔内容〕地球の起源／生命の起源／始生代／原生代／カンブリア紀／オルドビス紀／シルル紀
D.ディクソン著　小畠郁生監訳 **生命と地球の進化アトラスⅡ** ―デボン紀から白亜紀― 16243-1 C3044　　A4変判 148頁 本体8800円	魚類，両生類，昆虫，哺乳類的爬虫類，爬虫類，アンモナイト，恐竜，被子植物，鳥類の進化などのテーマをまじえながら白亜紀まで概観する(オールカラー)。〔内容〕デボン紀／石炭紀前期／石炭紀後期／ペルム紀／三畳紀／ジュラ紀／白亜紀
I.ジェンキンス著　小畠郁生監訳 **生命と地球の進化アトラスⅢ** ―第三紀から現代― 16244-8 C3044　　A4変判 148頁 本体8800円	哺乳類，食肉類，有蹄類，霊長類，人類の進化，および地球温暖化，現代における種の絶滅などの地球環境問題をとりあげ，新生代を振り返りつつ，生命と地球の未来を展望する(オールカラー)。〔内容〕古第三紀／新第三紀／更新世／完新世
前東大 速水 格・前東北大 森 啓編 古生物の科学1 **古生物の総説・分類** 16641-5 C3344　　B5判 264頁 本体12000円	科学的理論・技術の発展に伴い変貌し，多様化した古生物学を平易に解説。〔内容〕古生物学の研究・略史／分類学の原理・方法／モネラ界／原生生物界／海綿動物門／古杯動物門／刺胞動物門／腕足動物門／軟体動物門／節足動物門／他
東大 棚部一成・前東北大 森 啓編 古生物の科学2 **古生物の形態と解析** 16642-2 C3344　　B5判 232頁 本体12000円	化石の形態の計測とその解析から，生物の進化や形態形成等を読み解く方法を紹介。〔内容〕相同性とは何か／形態進化の発生的側面／形態測定学／成長の規則と形の形成／構成形態学／理論形態学／バイオメカニクス／時間を担う形態
前静岡大 池谷仙之・東大 棚部一成編 古生物の科学3 **古生物の生活史** 16643-9 C3344　　B5判 292頁 本体13000円	古生物の多種多様な生活史を，最新の研究例から具体的に解説。〔内容〕生殖(性比・性差)／繁殖と発生／成長(絶対成長・相対成長・個体発生・生活環)／機能形態／生活様式(二枚貝・底生生物・恐竜・脊椎動物)／個体群の構造と動態／生物地理他
前京大 瀬戸口烈司・名大 小澤智生・前東大 速水 格編 古生物の科学4 **古生物の進化** 16644-6 C3344　　B5判 272頁 本体12000円	生命の進化を古生物学の立場から追求する最新のアプローチを紹介する。〔内容〕進化の規模と様式／種分化／種間関係／異時性／分子進化／生体高分子／貝殻内部構造とその系統・進化／絶滅／進化の時間から「いま・ここ」の数理的構造へ／他
前京大 鎮西清高・国立科学博 植村和彦編 古生物の科学5 **地球環境と生命史** 16645-3 C3344　　B5判 264頁 本体12000円	地球史・生命史解明における様々な内容をその方法と最新の研究と共に紹介。〔内容〕〈古生物学と地球環境〉化石の生成／古環境の復元／生層序／放散虫と古海洋学／海洋生物地理学／同位体〈生命の歴史〉起源／動物／植物／生物事変／群集／他

上記価格（税別）は2007年4月現在